普通高等教育"十一五"规划教材

流体力学与水泵实验教程

向文英　主编

化学工业出版社

·北京·

内容简介

本书结合环境、给排水、建筑、土木、机械、采矿、交通等专业的流体力学、水力学及水泵与水泵站课程的教学要求，按照各专业最新的实验教学大纲编写。内容包括流体静力学实验，不可压缩流体恒定流动的能量方程实验，文丘里流量计实验，不可压缩流体恒定流动的动量方程实验，紊流机理与雷诺实验，沿程水头损失实验，局部水头损失实验，恒定孔口、管嘴出流实验，堰流实验，水面曲线实验，离心式水泵特性实验，离心式水泵的串联实验，离心式水泵的并联实验。

本书可作为环境、给排水、建筑、土木、机械、采矿、交通等专业的实验教材，也可供相关专业研究人员参考使用。

图书在版编目（CIP）数据

流体力学与水泵实验教程/向文英主编 . —北京：化学工业出版社，2009.08（2024.2重印）

普通高等教育"十一五"规划教材

ISBN 978-7-122-05466-1

Ⅰ. ①流… Ⅱ. ①向… Ⅲ. ①流体力学-实验-高等学校-教材②水泵-实验-高等学校-教材 Ⅳ. ①O35-33 ②TH38-33

中国版本图书馆 CIP 数据核字（2009）第 115665 号

责任编辑：满悦芝　　　　　　　　文字编辑：荣世芳
责任校对：王素芹　　　　　　　　装帧设计：尹琳琳

出版发行：化学工业出版社（北京市东城区青年湖南街 13 号　邮政编码 100011）
印　　装：北京科印技术咨询服务有限公司数码印刷分部
720mm×1000mm　1/16　印张 4¾　字数 87 千字　2024 年 2 月北京第 1 版第 5 次印刷

购书咨询：010-64518888　　　　　　售后服务：010-64518899
网　　址：http://www.cip.com.cn

凡购买本书，如有缺损质量问题，本社销售中心负责调换。

定　　价：19.80 元　　　　　　　　　　　　　　版权所有　违者必究

前　　言

　　流体力学实验是流体力学与水力学课程的重要组成部分，水泵实验是水泵与水泵站、流体机械课程的重要实验内容。流体力学与水泵实验教程有机地将流体力学实验与水泵实验结合于一体，目的在于综合培养学生的基础性实验技能和应用性实验能力，从而培养学生综合分析问题、解决问题的能力。通过将多知识点糅合，达到拓宽知识面、培养高素质创新型人才的目的。

　　流体力学与水泵实验教程不仅仅要求学生掌握实验的技能，更重要的是要求学生必须将理论与实验或实践有机地结合在一起。因而，本实验教程更为细致地讲解了流体力学理论在实验应用中的原理、实验的基本方法以及对实验成果的分析和讨论等。本实验教程涉及的知识点包括流体静力学，能量方程，文丘里流量计，动量方程，孔口、管嘴出流，沿程、局部阻力与损失，雷诺实验与紊流机理，水面线，堰流，水泵特性，水泵串联，水泵并联等理论。本实验教程坚持以综合各知识点，使其成为一有机整体为原则，达到对流体力学与水力学、水泵与水泵站、流体机械课程各知识点的系统综合训练。

　　本实验教程中，绝大部分内容为实测实验，要求学生必做，也有部分演示实验内容，供学生观察、分析、思考。学生在实验之前，必须仔细阅读实验教程中的相关内容，实验中严格按实验规程操作，精确读取数据，仔细分析实验成果。在独立完成的基础上，将理论知识与实验成果有机地结合起来，才能巩固和加深理论知识。

　　本实验教程适合的专业包括给水排水工程、建筑环境与设备工程、环境工程、热能与动力工程、土木工程、水利工程、机械等。

　　本书由重庆大学向文英主编，江岸负责实验操作部分的编写，承蒙化学工业出版社、重庆大学领导和有关教师的大力支持，在此表示衷心的感谢！

　　由于作者水平和时间有限，不妥之处在所难免，恳请读者及专家批评指正！

编者
2009 年 8 月

目　录

第1章 流体静力学实验

1.1 流体静力学的基本知识

流体的最大特点是具有易动性,在任何微小的剪切力作用下都会发生变形,变形必将引起质点的相对运动,破坏流体的平衡。因此,流体处于静止或处于相对静止时,流体内部质点之间只体现出压应力作用,切应力为零。此压应力称静压强。

流体静压强具有两个基本特性:静压强的方向垂直并指向受压面。因为流体处于静止状态时,既不能承受拉力,又不能承受剪切力,只能承受压力,所以,作用于流体上的应力只能垂直指向作用面。静止流体中任一点的静压强大小与其作用面的方位无关,只与该点位置有关。即在静止流体中的任意给定点,其静压强的大小在各方向都相等。

(1) 静力学的基本方程 静止流体中任意点的测压管水头相等,即:

$$z + \frac{p}{\rho g} = c \tag{1.1}$$

式(1.1)为重力作用下的流体平衡方程,也称静力学基本方程。在重力作用下,静止流体中任一点的静压强 p 也可以写成如下形式:

$$p = p_0 + \rho g h \tag{1.2}$$

式中 z——被测点相对于基准面的位置高度;

p——被测点的静水压强,可以用绝对压强或相对压强表示;

p_0——作用在液面上的压强,为表面力,它可以是固体对液体表面施加的作用力,也可以是一种液体对另一种液体表面的作用力,或气体对液体表面的作用力;

$\rho g h$——质量力重力引起的压强,$\rho g h = \gamma h$,表示底面积为单位面积、高为 h 的圆柱体的液体重量。

式(1.2)反映出,静止液体中,任意点的静压强 p 随淹没深度 h 按线性规律变化。

(2) 等压面 连续的同种介质中,静压强值相等的各点组成的面(曲面或平面)称为等压面。

质量力只为重力时,静止液体中,位于同一淹没深度($h =$ 常数)的各点的静压强相等,因此在重力作用下的静止液体中等压面是水平面。若质量有惯性力时,流体做等加速直线运动,等压面为一斜面;若流体做等角速旋转运动,等压面为旋

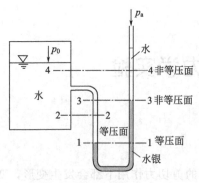

图 1.1 等压面和非等压面

转抛物面。

必须强调，等压面须是在同种均质且连续的静止液体中。如图 1.1 中的 1—1 和 2—2 水平面为等压面，3—3 和 4—4 虽为水平面，但不满足这一条件，因此不是等压面。

（3）绝对压强与相对压强 流体压强的测量和标定有两种不同的基准，一种以完全真空时的绝对零压强为基准来计量的压强值称为绝对压强，用符号 p_{abs} 表示；另一种以当地大气压强 p_a 为基准来计量的压强值称为相对压强，用符号 p 表示。相对压强与绝对压强的关系是

$$p = p_{abs} - p_a \tag{1.3}$$

物理学中一般采用绝对压强，工程技术中较多使用相对压强，原因为测量压强的各种仪表、测量元件处于大气压的作用下，因而实际测量的压强是绝对压强与当地大气压强之差，即相对压强，故也把相对压强称为表压强。

1.2 实验目的、要求与测试内容

1.2.1 实验目的与要求

① 验证静力学的基本方程。
② 学会使用测压管与 U 形测压计的量测技能。
③ 理解绝对压强与相对压强及毛细管现象。
④ 灵活应用静力学的基本知识进行实际工程量测。

1.2.2 实验测试内容

① 准确读取测压管液面水位高程，测算各点的测压管高度。
② 控制与测定液面的绝对压强或相对压强。
③ 测算液体中给定点的压强。
④ 验证静力学基本方程。
⑤ 由等压面原理分析测定介质容重。

1.3 实验操作步骤

1.3.1 量测仪器简介

流体静力学实验仪由盛水密闭容器、连通管、测压管、U 形测压管、真空测压管、通气阀、截止阀、加压打气球、减压阀等组成，如图 1.2 所示。U 形测压管

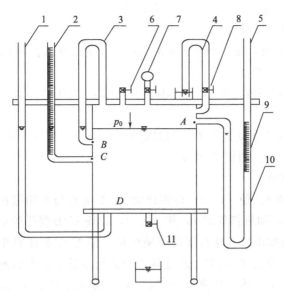

图 1.2　流体静力学实验仪

1—测压管；2—带标尺测压管；3—连通管；4—真空测压管；5—U 形测压管；6—通气阀；

7—加压打气球；8—截止阀；9—油柱；10—水柱；11—减压放水阀

中可注入不同种类的液体，以测定该液体的容重。

1.3.2　实验方法及步骤

（1）熟悉仪器的构成及其使用方法，包括以下内容。

① 阀门的开启与关闭：阀门旋柄顺管轴线为开，与管轴线垂直为关。关闭阀 11，打开通气阀 6，则 1、2 管液面齐平。

② 加压：关闭阀 6、8、11，捏压加压打气球 7，此时 1、2 管液面高程将高于水箱液面高程，表明密闭水箱液面处于正压状态。

③ 减压：关闭阀 6、8，开启减压放水阀 11，待 1、2 管液面高程低于水箱液面高程后关闭阀 11，此时密闭水箱液面为负压。

④ 检查仪器密闭状况：加压后观察 1、2、5 管液面高程是否恒定。若下降，表明仪器漏气，需查明原因并予以解决。

（2）记录仪器编号及各点标高，确立测试基准面。

仪器编号：

测点标高：A、B、C 点相对于带标尺测压管 2 的零点高程（为仪器名牌标注）

$\nabla_A =$　　　cm，　$\nabla_B =$　　　cm，　$\nabla_C =$　　　cm，　$\nabla_D =$　　　cm

测点位能：以容器底部 D 点的水平面为基准面，单位重量流体具有的位置势能为：

$Z_A =$　　　cm，　$Z_B =$　　　cm，　$Z_C =$　　　cm，　$Z_D =$　　　cm

3

水的容重：$\gamma = \rho g =$ N/cm^3

（3）测量各点静压强

① 关闭阀 11，开启通气阀 6，此时 $p_0 = 0$。记录水箱液面标高 ∇_0 和测管 2 液面标高 ∇_2（此时 $\nabla_0 = \nabla_2$）。

② 关闭通气阀 6 和截止阀 8，捏压加压打气球 7，加压使 $p_0 > 0$，测记 ∇_0 及 ∇_2（加压 3 次）。

③ 关闭通气阀 6 和截止阀 8，开启减压放水阀 11，使 $p_0 < 0$（减压 3 次，要求其中一次，$\nabla_2 < \nabla_0$），测记 ∇_0 及 ∇_2。

（4）测定油容重

① 开启通气阀 6，使 $p_0 = 0$，即测压管 1、2 液面与水箱液面齐平后再关闭通气阀 6 和截止阀 8，加压打气球 7，使 $p_0 > 0$，并使 U 形测压管中的油水界面略高于水面，然后微调加压打气球首部的微调螺母，使 U 形测压管中的油水界面齐平于水面（图 1.3），测记 ∇_0 和 ∇_2（此过程重复进行 3 次，3 次的测试误差控制在小于 2mm 为宜），取平均值，计算 $\nabla_2 - \nabla_0 = h_1$。设油的容重为 γ_s，h_s 为油的高度。由等压面原理有：

$$p_{01} = \gamma h_1 = \gamma_s h_s \tag{1.4}$$

② 开启通气阀 6，使 $p_0 = 0$，即测压管 1、2 液面与水箱液面齐平后再关闭通气阀 6 和截止阀 8，然后开启放水阀 11 减压（$p_0 < 0$），使 U 形管中的水面与油面齐平（图 1.4），测记 ∇_0 及 ∇_2（此过程重复进行 3 次，3 次的测试误差控制在小于 2mm 为宜），取平均值，计算 $\nabla_0 - \nabla_2 = h_2$。由等压面原理同样有：

$$p_{02} = -\gamma h_2 = (\gamma_s - \gamma) h_s \tag{1.5}$$

式（1.4）除以式（1.5），整理得：

$$\frac{h_1}{h_2} = \frac{\gamma_s}{\gamma - \gamma_s}$$

$$\gamma_s = \frac{h_1}{h_1 + h_2} \gamma \tag{1.6}$$

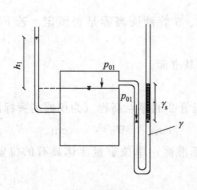 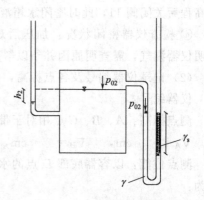

图 1.3 油水界面齐平于水面   图 1.4 水面与油面齐平

1.3.3 实验记录与数据处理

实验记录与数据处理见表 1.1、表 1.2。

表 1.1 流体静压强测量记录及计算表 单位：cm

液面条件	序号	水箱液面 ∇_0	测压管2液面 ∇_2	压强水头				测压管水头	
				$\dfrac{p_A}{\gamma}=$ $\nabla_2-\nabla_0$	$\dfrac{p_B}{\gamma}=$ $\nabla_2-\nabla_B$	$\dfrac{p_C}{\gamma}=$ $\nabla_2-\nabla_C$	$\dfrac{p_D}{\gamma}=$ $\nabla_2-\nabla_D$	Z_C+ $\dfrac{p_C}{\gamma}$	Z_D+ $\dfrac{p_D}{\gamma}$
$p_0=0$	1								
$p_0>0$	1								
	2								
	3								
$p_0<0$	1								
	2								
	3								

表 1.2 油容重测量记录及计算表 单位：cm

条件	序号	水箱液面 ∇_0	测压管液面 ∇_2	$h_1=\nabla_2-\nabla_0$	$\overline{h_1}$	$h_2=\nabla_0-\nabla_2$	$\overline{h_2}$	$\gamma_s=\dfrac{\overline{h_1}}{\overline{h_1}+\overline{h_2}}\gamma$
$p_0>0$ 且 U 形管中水面与油水交界面齐平	1							
	2							
	3							
$p_0<0$ 且 U 形管中水面与油面齐平	1							$\gamma_s=$ N/cm³
	2							
	3							

1.4 实验分析与讨论

① 为避免毛细管现象的影响，在测压管的读数上如何减少误差？

② 静止流体中，不同断面测压管水头线如何变化？

③ 根据等压面原理，找出几个等压面。

④ 当 $p_0>0$，求出 p_0 绝对压强与相对压强；当 $p_0<0$，求出 p_0 的相对压强、绝对压强和真空值。

第2章 不可压缩流体恒定流动的能量方程实验

2.1 均匀流、非均匀流的压强分布规律与能量方程的一般理论

2.1.1 均匀流、非均匀流的压强分布规律

流线为平行线的流动为均匀流，流线不平行的流动为非均匀流。对于恒定均匀流，元流上流体流速沿程不产生变化，无加速度产生。非均匀流相反，元流上流体流速不断变化，有加速度产生，由此引起的惯性力不容忽略。根据流线变化是否剧烈，非均匀流又分为急变流和渐变流。流线变化较缓，近似平行时，称渐变流；流线变化剧烈时称急变流。均匀流、非均匀流上的压强分布规律各自不同。

由于渐变流流线变化较缓并近似平行，通常近似按均匀流处理。均匀流、渐变流同一断面的压强分布规律满足如下的计算公式：

$$z + \frac{p}{\rho g} = c \tag{2.1}$$

即均匀流、渐变流过流断面上的压强满足静压强分布规律。因此，在同一断面上可以用和静力学相同的压强计算公式：

$$p = p_0 + \rho g h \tag{2.2}$$

对于不同断面的压强不能使用式(2.1)、式(2.2)，只能通过能量方程求解。

非均匀急变流上，同一断面的压强不满足式(2.1)、式(2.2)，也不能用能量方程求解，它根据流线弯曲方向不同而不同。当其惯性力与重力出现叠加时压强增大，这种情况出现在流体流动的凹岸；当惯性力与重力出现相削减时压强减少，它出现在流体流动的凸岸。因此，凹岸压强大，水深深；凸岸压强小，水深浅。如图2.1，在管流的转弯断面2—2中表现出外侧压强大，测压管水头高于内侧。管流中的均匀流断面1—1，内外侧的测压管水头相等。

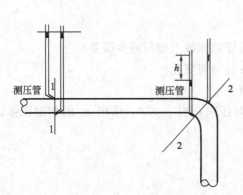

图 2.1 均匀流与急变流的测压管水头

2.1.2 能量方程的一般理论

实际流体在流动过程中除遵循质量守恒原理外，必须遵循动能定理。质量守恒原理在一维总流中的应用为总流的连续性方程，动能定理在一维总流中的应用为能量方程。它们分别如下：

$$Q_1 = Q_2 = v_1 A_1 = v_2 A_2 \tag{2.3}$$

$$z_1 + \frac{p_1}{\rho g} + \frac{\alpha_1 v_1^2}{2g} = z_2 + \frac{p_2}{\rho g} + \frac{\alpha_2 v_2^2}{2g} + h_{w1\text{-}2} \tag{2.4}$$

式中   下标 1、2——分别表示总流前、后两个渐变流或均匀流过流断面上选定的两个计算点；

   z——计算点相对于选定基准面的位置高度；

   p——计算点的压强；

   A——断面面积；

   Q——通过断面的流量；

   v——断面平均流速；

   α——动能修正系数；

   $h_{w1\text{-}2}$——流体在该两个过流断面之间产生的水头损失。

总流能量方程在推导过程中由于引入了许多简化条件，因而，方程在应用时必须满足以下条件：

① 总流为均质不可压缩流体的恒定流。

② 质量力中只有重力。

③ 所选取的计算断面（过流断面）必须取在均匀流或者渐变流段上，但两过流断面之间可以是急变流。

④ 总流的流量沿程不变，即满足式(2.3)，它没有流量的分出或汇入。

⑤ 在两计算断面之间没有外部能量输入或者输出。

在使用能量方程时，必须注意两个过流断面间的水头损失，应包括所有的沿程水头损失和所有的局部水头损失。即是：

$$h_{w1\text{-}2} = \sum \lambda \frac{l}{d} \frac{v^2}{2g} + \sum \xi \frac{v^2}{2g} \tag{2.5}$$

实际流体中，总水头线始终沿程降低，实验中可以从测速管的液面相对于基准面的高度读出。测压管水头线可以沿程升高，也可以是沿程降低的，具体要视过流断面的平均流速大小而定。对于某断面而言，测压管水头等于该断面的总水头减去其流速水头。即：

$$z + \frac{p}{\rho g} = H - \frac{\alpha v^2}{2g} \tag{2.6}$$

同样，断面平均流速也可以用总水头减去该断面的测压管水头得到：

$$\frac{\alpha v^2}{2g} = H - \left(z + \frac{p}{\rho g} \right) \tag{2.7}$$

毕托管就是利用式(2.7) 的原理求得的某点流速。

2.2 实验目的、要求与测试内容

2.2.1 实验目的与要求

① 掌握均匀流的压强分布规律以及非均匀流的压强分布特点。

② 验证不可压缩流体恒定流动中各种能量间的相互转换。

③ 学会使用测压管与测速管测量压强水头、流速水头与总水头。

④ 理解毕托管测速原理。

2.2.2 实验测试内容

① 分析均匀流动、非均匀流动的转弯段同一过流断面上的测压管水头的变化规律。

② 测定整个管路各断面给定点的压强水头、流速水头与总水头值,分析它们的相互转换。

③ 分析和绘制管路上各点的测压管水头线、总水头线的变化规律。

④ 由测速管测定相应点的点流速。

2.3 实验操作步骤

2.3.1 实验装置与仪器

能量方程实验仪由自循环供水器（循环水泵）、恒压水箱、溢流板、稳水孔板、可控硅无级调速器、实验管道（包括 3 种管径管道、文丘里管、直角弯管、突扩突缩管和阀门）、流量调节阀、接水盒、回水管、测压计等组成,如图 2.2 所示。

2.3.2 实验方法及步骤

① 熟悉实验仪器,分清普通测压管和测速管（毕托管）及两者功能上的区别。

② 打开电源,启动供水系统,水箱供水至溢流,排净实验管道内的空气后关闭流量调节阀。检查所有的测压管液面是否齐平,若不平需查明原因并排除气体。

③ 全开流量调节阀,使测压管 19 液面尽可能接近标尺零点,待流动稳定后记录各测压管与测速管液面读数;同步定时测量时段流出水体的体积,并计算流量,2~3 次取平均。

④ 逐级调节流量调节阀的开度,调节流量,待流动稳定后,测读测压管与测速管液面读数;按与步骤③相同的方法同步测算流量。改变流量调节阀的开度,测取 3 组不同的流量,计入表 2.1 中（注:表 2.1 为一组流量的表格,组内学生分别记录不同组的流量数据,或自行增设二组流量的表格）。

⑤ 实验完毕后,先关闭流量调节阀,检查所有的测压管液面是否齐平;若不平表明实验有故障,应排除故障重新实验。确认无误后关闭电源,将仪器恢复到实

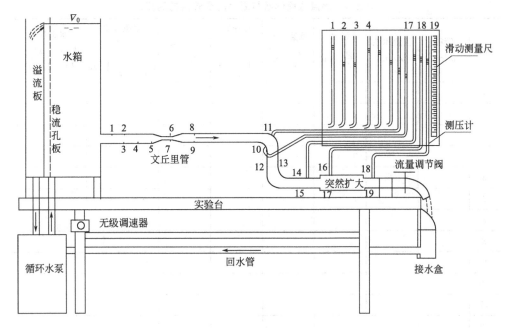

图 2.2 能量方程实验仪

测点 1、6、8、12、14、16、18 为测速管；2、3、4、5、7、9、10、11、13、15、17、
19 为测压管；测点 6、7 所在断面内径为 d_2，测点 16、17 所在断面内径 d_3，
其余均为 d_1；测点 2、3 为直管均匀流段同一断面上的两个测压点，
10、11 为弯管非均匀流段同一断面上的两个测点

验前状态。

⑥ 比较均匀流与非均匀流断面的测压管水头值。

⑦ 分析计算各断面的流速水头、测压管水头与总水头，从而计算沿程水头损失与局部水头损失，并比较突然扩大与突然缩小的测压管水头及其水头损失。

⑧ 在均匀流断面上，推求测速管处的流速，将测试与计算成果列于表 2.2。

2.3.3 实验记录与数据处理

（1）记录仪器编号及有关参数，确立测试基准面

仪器编号：

标尺零点：位于下管道的顶面

基准面：以下管轴线所处的水平面为基准面

水箱液面高程 $\nabla_0 =$ ____ cm，上管道轴线高程 $\nabla_{上} =$ ____ cm，$d_1 =$ ____ cm，$d_2 =$ ____ cm，$d_3 =$ ____ cm

（2）实验记录与计算

体积 $V =$ ____ cm³，时间 $t =$ ____ s，质量 $M =$ ____ kg，流量 $Q =$ ____ m³/s

表 2.1 测点液面读数与断面能量转换的测算表

测点	管径 d/cm	位置水头 Z/cm	压强水头 $\dfrac{p}{\gamma}$/cm	流速水头 $\dfrac{v^2}{2g}$/cm	测压管水头 $z+\dfrac{p}{\gamma}$/cm	总水头 H/cm	测压管水头差 $\Delta\left(z+\dfrac{p}{\gamma}\right)$/cm	水头损失 $h_w=-\Delta H=H_1-H_2$/cm
1								
2								
3								
4								
5								
6								
7								
8								
9								
10								
11								
12								
13								
14								
15								
16								
17								
18								
19								

表 2.2 毕托管测速计算表

毕托管测点编号	6	8	12	14	16	18	备注
测速管读数							
测压管读数							
毕托管点流速 u/(cm/s)							

（3）绘制测压管水头线、总水头线（图2.3）

（4）实验数据分析与计算

① 比较均匀流段同一断面上的两个测点 2、3 的测压管水头值的大小；比较非均匀流段（弯管段）同一断面上的两个测点 10、11 的测压管水头值的大小。

② 计算突然扩大和突然缩小的局部水头损失并与理论值比较。

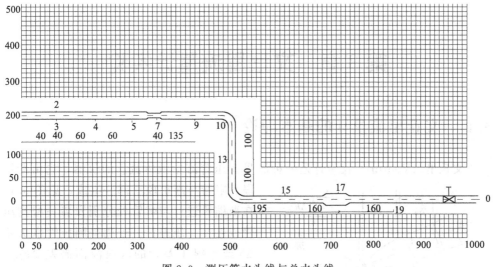

图 2.3 测压管水头线与总水头线

③ 按文丘里流量计原理计算管路通过的流量并与实测值比较。

注意事项如下。

① 实验中应保持水箱水位恒定。可适当调节调速器，以降低流动产生的扰动，但需保证溢流板处有水溢出。

② 所有测管液面高程均应处于滑动测量尺标尺读数范围内。

③ 本实验测点多、测管液面稳定较慢，实验中应注意观察测管液面的变化，只有当所有测管液面稳定后方能开始测记。

④ 每组最多 3 人，组内同学各自计算一组流量。

2.4 实验分析与讨论

① 均匀流断面测压管水头与压强分布和非均匀流断面测压管水头与压强分布是否相同？

② 实际流体测压管水头可否沿程升高？总水头沿程变化如何？流速是否沿程减少？各部分能量是如何进行转换的？

③ 当流量增加，测压管水头线是如何变化的？

④ 如何利用现有的测压管与测速管测量某点的点流速？

⑤ 毕托管测定的流速是否准确？原因何在？

⑥ 指出何处产生沿程水头损失和局部水头损失，如何测定？

第3章 文丘里流量计实验

3.1 文丘里流量计的基本理论

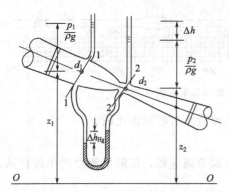

图3.1 文丘里（Venturi）流量计

文丘里（Venturi）流量计是一种测量有压管流中液体流量的仪器，它由渐缩段、喉管与渐扩段三部分组成，见图3.1。在渐缩段进口与喉管处分别安装一根测压管或连接一压差计。若测得测压管水头差 Δh 或水银压差计的水银液面高差 Δh_{Hg}，由能量方程原理可计算得通过管道的流量和文丘里管的流量系数。

设任选一基准面 0—0，选取渐缩管的进口断面 1—1 与喉管断面 2—2 为计算断面。建立 1—1、2—2 断面的伯努利方程，并取两断面管轴中心点为计算点。忽略两断面的水头损失 h_w，取 $\alpha_1 = \alpha_2 = 1$，有：

$$z_1 + \frac{p_1}{\rho g} + \frac{v_1^2}{2g} = z_2 + \frac{p_2}{\rho g} + \frac{v_2^2}{2g} \tag{3.1}$$

建立 1—1、2—2 断面的连续性方程：

$$v_1 A_1 = v_2 A_2 \tag{3.2}$$

联解式(3.1)、式(3.2)，得：

$$Q_{理论} = K \sqrt{\left(z_1 + \frac{p_1}{\rho g}\right) - \left(z_2 + \frac{p_2}{\rho g}\right)} \tag{3.3}$$

式中，$K = \dfrac{\pi d_1^2 d_2^2}{4\sqrt{d_1^4 - d_2^4}}\sqrt{2g}$，称为文丘里管常数，其值取决于文丘里管的结构尺寸。式(3.3)计算出的流量为不考虑水头损失的理论流量，而实际流体的流量比理论流量小。实际流量与理论流量之比称流量系数 μ，即：$\mu = \dfrac{Q_{实际}}{Q_{理论}}$。则实际流量为：

$$Q = \mu K \sqrt{\left(z_1 + \frac{p_1}{\rho g}\right) - \left(z_2 + \frac{p_2}{\rho g}\right)} \tag{3.4}$$

若测得测压管水头差 Δh，有：$\left(z_1 + \dfrac{p_1}{\rho g}\right) - \left(z_2 + \dfrac{p_2}{\rho g}\right) = \Delta h$，则：

$$Q=\mu K \sqrt{\Delta h} \qquad (3.5)$$

若测得水银压差计的水银液面高差 Δh_{Hg}，有：$\left(z_1+\dfrac{p_1}{\rho g}\right)-\left(z_2+\dfrac{p_2}{\rho g}\right)=\Delta h_{Hg}$，则：

$$Q=\mu K \sqrt{\Delta h_{Hg}} \qquad (3.6)$$

3.2 实验目的、要求与测试内容

3.2.1 实验目的与要求

① 学会使用测压管与 U 形差压计的量测原理。

② 掌握文丘里流量计测量流量的方法与原理。

③ 掌握文丘里流量计测定流量系数的方法。

3.2.2 实验测试内容

① 测定两点的测压管水头差，计算通过管道的理论流量。

② 同步测定管道实际通过的流量。

③ 计算文丘里管的流量系数。

3.3 实验操作步骤

3.3.1 实验装置与仪器

文丘里流量计实验仪由自循环供水器（循环水泵）、恒压水箱、溢流板、稳水孔板、可控硅无级调速器、实验管道、文丘里流量计、流量调节阀、接水盒、回水管、复式压差计、滑动测量尺等组成，如图 3.2 所示。

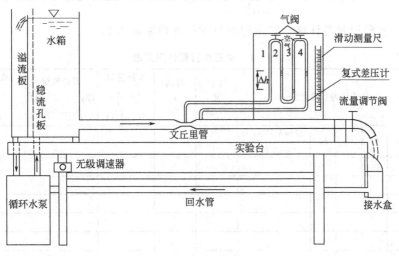

图 3.2 文丘里流量计实验仪

3.3.2　实验方法及步骤

①　熟悉实验仪器，记录有关参数。

②　启动电源供水，全开流量调节阀，排除管道内的气体。同时，观察复式压差计液面是否全部处于滑动测量尺标尺读数范围内，若是则进行步骤④，否则按步骤③调整。

③　关闭流量调节阀，待复式压差计液面稳定后逐次松开压差计上的两气阀，使1、4测管液面大约为 28.5cm，2、3测管液面大约为 24.5cm 后拧紧压差计气阀，然后全开流量调节阀，检查压差计液面在标尺上的读数范围，直至符合要求为止。

④　校核。关闭流量调节阀，检查复式压差计的压差和是否为零，即 $\Delta h = h_1 - h_2 + h_3 - h_4 = 0$。由于毛细现象的存在，容许校核时 $\Delta h \leqslant 0.2$cm。否则重复②、③步骤。

⑤　全开流量调节阀，待流量稳定后读取复式压差计读数，同时测算流量，并记入表 3.1 中。

⑥　改变流量调节阀的开度，调节流量，重复步骤⑤，每组测取 6 个不同的流量。

⑦　实验完毕，关闭流量调节阀，再次校核复式压差计压差和是否在容许误差以内。若超过容许误差，则应当排除故障重新实验，确认无误后关闭电源，将仪器恢复到实验前状态。

3.3.3　实验记录与数据处理

（1）记录仪器编号及有关参数、常数

仪器编号：

恒定水箱液面高程：$\nabla_0 =$ 　　　　cm ，管道轴线高程 $\nabla =$ 　　　　cm；

管道直径：$d_1 =$ 　　　　cm ，喉管直径：$d_2 =$ 　　　　cm ；

文丘里计算常数：$K = \dfrac{\pi d_1^2 d_2^2}{4 \sqrt{d_1^4 - d_2^4}} \sqrt{2g} =$ 　　　　$cm^{2.5}/s$ 。

（2）实验记录与计算　实验记录与数据处理见表 3.1。

3.1　文丘里流量计测算表

序号	复式压差计读数/cm					体积 V /cm³	时间 t /s	实际流量 $Q = \dfrac{V}{t}$ /(cm³/s)	理论流量 $Q_{理论} = K\sqrt{\Delta h}$ /(cm³/s)	流量系数 $\mu = \dfrac{Q}{Q_{理论}}$
	h_1	h_2	h_3	h_4	$\Delta h = h_1 - h_2 + h_3 - h_4$					
1										
2										
3										
4										
5										
6										

14

（3）实验分析与计算 根据测试与计算结果，绘制流量与流量系数的关系曲线图（$Q \sim \mu$），见图 3.3。

实验注意事项如下。

① 保持恒压水箱中的水位恒定。实验时可适当调节调速器，以降低流动产生的扰动，但需保证溢流板处有水溢出。

图 3.3　流量与流量系数关系曲线

② 调节流量后，待流动稳定后方可进行测试，测流时间应尽可能长。

3.4　实验分析与讨论

① 文丘里喉管中是否产生负压？根据实验，如何减少文丘里喉管中的负压？最大可能真空有多大？

② 文丘里流量计中，影响流量系数大小的因素有哪些？

③ 为什么实际流量与理论流量不同？何者大？

第4章 不可压缩流体恒定流动的动量方程实验

4.1 不可压缩流体恒定流动动量方程的基础理论

动量定理指出,物体在运动过程中,动量对时间的变化率$\dfrac{\mathrm{d}K}{\mathrm{d}t}$等于作用在物体上外力的矢量和$\sum F$。动量定理在流体力学中的应用得到动量方程。在恒定总流中,有:

$$\rho Q(\beta_2 v_2 - \beta_1 v_1) = \sum F \tag{4.1}$$

式(4.1)为没有分流或汇流的动量方程,它是一个矢量方程,在具体应用时需将力和速度在笛卡儿坐标系中分解为三个坐标方向的投影形式,即标量方程。

$$\begin{cases} \rho Q(\beta_2 v_{2x} - \beta_1 v_{1x}) = \sum F_x \\ \rho Q(\beta_2 v_{2y} - \beta_1 v_{1y}) = \sum F_y \\ \rho Q(\beta_2 v_{2z} - \beta_1 v_{1z}) = \sum F_z \end{cases} \tag{4.2}$$

式中,合力$\sum F$是作用在研究流段上的全部外力之和,包括质量力重力,但不包括惯性力;表面力有作用在计算断面(过流断面)上的压力、固体边界对流体的作用力。需要注意的是在动量方程中,流体内部产生的摩擦力不予考虑,因为它不属于外力。

β称动量修正系数,是按实际点流速u计算的动量与按断面平均流速计算的动量的比值。即:

$$\beta = \frac{\displaystyle\int_A uu\,\mathrm{d}A}{vv} \tag{4.3}$$

与动能修正系数一样,若流速分布越均匀,β越趋于1,不均匀时则大于1。在层流运动中$\beta=1.33$,紊流运动中取$\beta=1$。

动量方程在应用时需注意以下各点:

① 流体为不可压缩流体,并做恒定流动。

② 过流断面1—1和2—2应选在均匀流或者渐变流断面上。根据前面能量方程得到的结论,均匀流或者渐变流断面上动压强服从于静压强的分布规律。因此作用在计算断面的压力便可按静力学方法求得。

③ 1—1和2—2断面的流量相等,即没有流量的分出或汇入。

在使用动量方程时,通常需配合连续性方程和能量方程。本实验中,流体通过一管嘴射出冲击墙面，因此流体射出后的速度可采用由能量方程推出的管嘴出流的流量和流速公式计算：

$$Q = \mu A \sqrt{2gH_0} \qquad (4.4)$$

$$v = \mu \sqrt{2gH_0} \qquad (4.5)$$

式中，μ 为流量系数，$\mu = \dfrac{1}{\sqrt{1 + \sum \xi + \lambda \dfrac{l}{d}}}$，也可以采用实际流量与理论流

量的比值求出，即 $\mu = \dfrac{Q}{A \sqrt{2gH_0}}$，对于圆柱形外管嘴完散收缩时，可取 $\mu = 0.82$。

4.2 实验目的、要求与测试内容

4.2.1 实验目的与要求

① 灵活应用静力学的基本知识，由测压管高度推求压力。

② 灵活应用连续性方程、能量方程和管嘴出流的流量公式。

③ 验证不可压缩流体恒定流动的动量方程。

4.2.2 实验测试内容

① 准确读取测压管水面高度，通过测压管高度计算压力。

② 测定管道出流的流量、管嘴出流的流速。

③ 测算不可压缩恒定射流的冲击力。

4.3 实验操作步骤

4.3.1 实验装置与仪器

动量方程实验仪由自循环供水器（循环水泵）、恒压水箱、溢流板、稳水孔板、水位调节板、管嘴、带活塞和翼片的抗冲平板、测压管、可控硅无级调速器、接水盒、回水管等组成，如图 4.1 所示。

图 4.2 为带活塞和翼片的抗冲平板的活塞退出活塞套时的示意图。由图中看出，活塞中心设有一细小导水管 a，进口端伸出活塞头部，出口方向与轴向垂直。在平板上设有翼片 b，活塞套上设有泄流槽孔 c，后接测压管。当水从管嘴射出时，在射流冲击力的作用下，水流经过导水管 a 向测压管内注水。当射流冲击力大于测压管内水柱对活塞的压力时，活塞内移，槽孔 c 关小，水流外溢减少，使测压管内的水位上升，水压力增大；反之，活塞外移，槽孔开大，水流外溢增多，测压管内的水位降低，水压力减少。在恒定射流冲击下，经短时间的自动调整，即可达

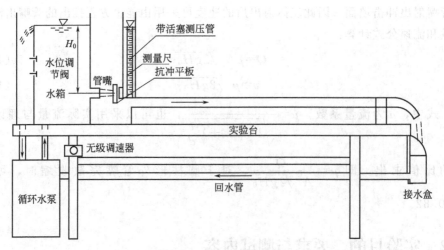

图 4.1 动量方程实验仪

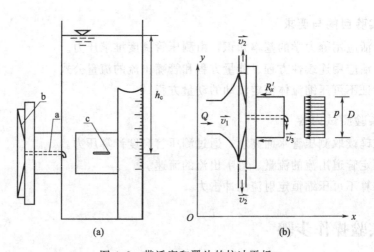

图 4.2 带活塞和翼片的抗冲平板

到射流冲击力和水压力的平衡状态。这时活塞处在半进半出、槽孔部分开启的位置上，经导水管 a 流进测压管的水量和过槽孔 c 外溢的水量相等。由于平板上设有翼片 b，在水流冲击下，平板带动活塞旋转，因而克服了活塞沿轴向滑移时的静摩擦力。

4.3.2 实验方法及步骤

① 熟悉实验装置各部分名称、结构特征、作用与性能，记录有关常数。

② 启动供水系统，打开调速器开关，水泵启动 2～3min 后，关闭 2～3s，以利用回水排除离心式水泵内滞留的空气。

③ 调整测压管位置。待恒压水箱水流稳定后松开测压管固定螺钉，调整方位。要求测压管垂直，螺钉对准十字中心，活塞转动轻快，然后拧紧螺钉固

18

定好。

④ 测读水位。测读活塞形心处的作用水头 h_c，由于活塞形心已固定在与活塞圆心相连的标尺零点上，当测压管内液面稳定后，测压管内液面的标尺读数即为 h_c 值。

⑤ 测量流量。利用体积时间法，在上回水管的出口处测量射流的流量，测量时间要求在 $15\sim20$ s 以上，采用活动漏斗接水，用塑料桶等容器盛水，再用量筒测量其体积（亦可用重量法，秒表定时测量其重量）。

⑥ 改变作用水头，重复实验。逐次打开不同高度上的水位调节阀，在相应高度上溢流以改变管嘴的作用水头。调节调速器，使溢流量适中，待水头稳定后，按步骤③～⑤重复进行实验。

⑦ 验证 $v_2 \neq 0$ 对水平作用力 R_x 的影响。取下平板活塞，使水流冲击到活塞套内，调整好位置，使反射水流的回射角度一致，记录回射角度的目估值、测压管中水深 h_c 和管嘴作用水头 H_0。

实验完成后关闭电源，将仪器恢复到实验前状态。

4.3.3 实验记录与数据处理

（1）记录仪器编号及有关参数、常数

仪器编号：

管嘴内径 $d=$ ____ cm，活塞直径 $D=$ ____ cm。

（2）实验记录与计算表　实验记录与数据处理见表 4.1。

表 4.1　动量方程测试与计算表

序号	体积 V /cm³	时间 t /s	流量 $Q=\dfrac{V}{t}$ /(cm³/s)	活塞作用水头 h_c /cm	射流流速 $v=\dfrac{4Q}{\pi d^2}$ /(cm/s)	$P=p_c A$ $=\gamma h_c \dfrac{\pi D^2}{4}$ /N	冲击力 $P=R_x$ $=\rho Q(0-\beta v)$	动量修正系数 $\beta=\dfrac{R_x}{\rho v Q}$	管嘴作用水头 H_0	流量系数 $\mu=\dfrac{Q}{A\sqrt{2gH_0}}$
1										
2										
3										
4										
5										
6										

实验注意事项如下。

① 保持恒压水箱中的水位恒定。实验中可适当调节调速器，以降低流动产生的扰动，但需保证溢流板处有水溢出。

② 若活塞在射流冲击下转动不顺畅时需关闭电源，卸下活塞，用干净毛巾擦干活塞及活塞套内壁，再用 4B 铅芯涂抹即可。

4.4 实验分析与讨论

① 动量修正系数是否等于 1，为什么？

② 测压管液面与管嘴作用水头的关系如何？

③ 带翼片的平板在射流作用下获得力矩，这对分析射流冲击无翼片的平板沿 x 方向的动量方程有无影响，为什么？

④ 滑动摩擦力为什么可以忽略不计？试用实验验证，记录实验结果。

⑤ 实验中管嘴出流的流量系数是否等于 0.82，为什么？

第5章 紊流机理与雷诺实验

5.1 紊流的基础理论

（1）层流与紊流 1883 年英国物理学家雷诺（Osborne Reynolds）自制了实验装置，研究了沿程水头损失与流速的关系，见图 5.1。揭示了流体在运动中存在着两种不同的流动形态——层流与紊流。流体质点有条不紊、互不混掺、成层成线的流动状态称为层流；流体质点互相混掺的流动称为紊流。在这两种不同型态下，流体产生的沿程水头损失和沿程阻力系数规律不同。

（2）临界雷诺数与流态判别 从层流到紊流转变时的流速称临界流速，此流速下的雷诺数称临界雷诺数。影响临界雷诺数的因素较多，有管径、流体密度、流速、流体动力黏性系数。因此，流体的初

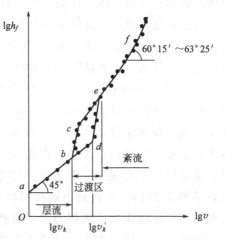

图 5.1 沿程水头损失与流速的关系曲线

始状态直接影响临界流速和临界雷诺数。当初始状态流速较小，从层流到紊流过渡时的临界流速要比初始状态流速较大为紊流时的临界流速大，因此称上临界流速，对应的雷诺数为上临界雷诺数。相反，初始状态流速较大为紊流时，从紊流到层流过渡时的流速称下临界流速，对应的雷诺数称下临界雷诺数。实验中发现上临界流速不稳定，下临界流速相对稳定；同样，上临界雷诺数受外界影响较大，与下临界雷诺数相差较大，而下临界雷诺数相对稳定。因此，对于有压圆管流动，通常以下临界雷诺数的最小值 2000 作为有压圆管流的临界雷诺数，即 $Re_k = 2000$。对于无压明渠流动，以最小的下临界雷诺数 500 作为明渠流动临界雷诺数，即 $Re_k = 500$。

实际流体的流态判别时将实际流动的雷诺数与临界雷诺数比较，小于临界雷诺数为层流，大于临界雷诺数为紊流。具体如下：

有压圆管流　　　$Re = \dfrac{vd}{\nu} \leqslant 2000$　　　为层流运动

$$Re = \dfrac{vd}{\nu} > 2000 \qquad 为紊流运动$$

无压明渠流 $\qquad Re=\dfrac{vR}{\nu}<500 \qquad$ 为层流运动

$$Re=\dfrac{vR}{\nu}>500 \qquad 为紊流运动$$

雷诺数反映了流体流动时的惯性与流体黏性的对比结果。若惯性起主导作用，流体处于紊流状态；反之，黏性起主导作用时，流体处于层流状态。流体处于紊流状态时流体质点的运动轨迹极不规则，既有沿主流方向的运动，又有沿垂直于主流的其他方向的运动，流体质点的速度大小和方向随时间不断发生变化。

（3）紊流的形成机理 紊流运动是流体黏性与外界扰动共同作用的结果。实际流体在运动过程中，各流层间总是存在流速梯度，在黏性作用下产生内摩擦切应力。对于快层来说，下层给予的内摩擦切应力的方向与流动方向相反，即下层流体总是阻止快层流体的运动。相反，对于慢层流体，上层给予的内摩擦切应力则是与流动方向一致的，因为快层将拉动慢层向前运动。由此构成了一对力矩，见图5.2(a)。一旦有外界扰动产生，流体便产生弯曲，形成波峰与波谷，波峰与波谷形成后，打破了流体的初始平衡状态。在波峰与波谷处形成压力差，波峰上部流体受到了压缩，流体速度增大，压强减少；波峰下部流速减少，压强增大，于是出现由下向上指向波峰的压强差。在波谷处相反，出现由上向下指向波谷的压差。波峰、波谷的压差形成又一对力矩，此力矩与内摩擦切应力产生的力矩旋转方向一致，见图5.2(b)。在两对力矩共同作用下，使得波峰更凸，波谷更凹。当此合力矩达到一定程度后，波峰与波谷重叠，从而涡体形成，见图5.2(c)。涡体形成后不断旋转，涡体的大小、旋转方向和旋转角速度受外界扰动的强弱而不同，并不断随时间变化。当涡体的旋转方向与主流一致时，主流的流速叠加，相反时主流的速度减少，见图5.2(d)。涡体形成后主流也随之受到影响，快层流体速度更快，慢层流体速度更慢，由此又形成横向升力。在升力作用下，涡体有脱离原

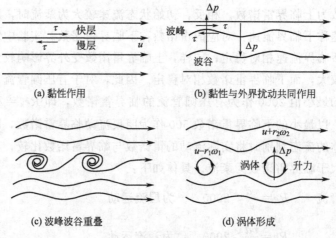

(a) 黏性作用　　　　　　　　(b) 黏性与外界扰动共同作用

(c) 波峰波谷重叠　　　　　　(d) 涡体形成

图 5.2　紊流的形成过程

来流层的趋势。涡体是否能脱离原来流层，将受到流体的黏性力阻止作用的大小影响，受黏性力与惯性力何者占据上风而发生变化。当流体运动的惯性力足够大时，完全能够克服黏性力的影响时，涡体脱离原来的流层而产生了混掺，于是紊流形成。

紊流运动的最大特点是具有时均性和脉动性，流体在运动过程中产生很多大小不同、旋转方向不同的涡体，与主流叠加后，使得主流的运动要素如速度 u、加速度 a、压强等不断随时间发生变化。

5.2 实验目的、要求与测试内容

5.2.1 实验目的与要求

① 观察层流、紊流的流态，理解和掌握流体在流动过程中出现的层流与紊流两种流动型态。

② 掌握圆管流态的判断标准和方法。

③ 观察紊流形成的过程，理解紊流产生的机理。

④ 观察流体在各种绕流运动中阻力的大小，理解流体流动的两种阻力形式。

5.2.2 实验测试内容

① 观察层流、紊流的流态。

② 测定临界雷诺数，掌握圆管流态的判断标准和方法。

③ 观察紊流形成的过程，理解紊流产生的机理。

④ 通过观察分析，理解流体绕流过程中摩擦阻力与压差阻力两种阻力形式。

5.3 实验操作步骤

5.3.1 实验装置与仪器

雷诺实验仪由自循环供水器（循环水泵）、恒压水箱、溢流板、稳水孔板、可控硅无级调速器、颜色水箱、控制阀（颜色水箱下）、实验管道、流量调节阀、接水盒、回水管等组成，见图 5.3。

5.3.2 实验方法及步骤

（1）熟悉实验装置各部分功能，记录有关常数。

（2）观察两种流态

① 启动电源，打开无级调速器，系统开始供水，待水箱充水至溢流后，调节流量调节阀使其处于某一较小的流量和较低的流速。

② 打开颜色水箱下的控制阀，使颜色水经细管道流入实验管内。微调实验管道的流量调节阀的开度，使颜色水流成一条很细的直线，此时管内水流成层流

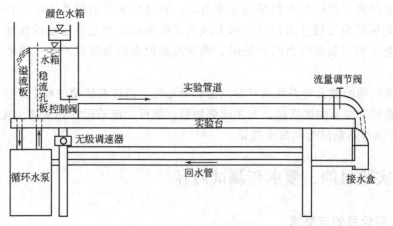

图 5.3　雷诺实验仪

流态。

③ 逐步加大流量调节阀的开度，成直线的颜色水质点逐渐消失，此时管内的流体运动已从层流转化到紊流状态。重复前面过程再观察由紊流转变为层流的流态特征。

（3）测定下临界雷诺数

① 将流量调节阀完全打开，使管中流动呈完全紊流状态，然后逐步关小流量调节阀使流量减小。当流量调节到使颜色水在全管刚刚呈现出一直线或波状曲线时，即为下临界状态。测量流量和水温，计算下临界雷诺数，与公认值（2000）比较，若差距过大需重测。

② 重新打开流量调节阀，使其完全紊流，重复步骤①，测量不少于三次。

（4）测定上临界雷诺数　在管中无流动或呈层流状态时缓慢调大流量调节阀，使管中的水流由层流过渡到紊流，当成直线的颜色水质点线（流线）弯曲并即将开始扩散时，为上临界状态。测量流量和水温，计算上临界雷诺数，重复测量三次。

（5）实验完毕，关闭电源，将仪器恢复到实验前状态。

5.3.3　实验记录与数据处理

（1）记录计算有关参数、常数

仪器编号：

管道直径：$d=$　　　　　cm　　　　　　　　水温：$t=$　　　　　℃

运动黏度　$\nu=\dfrac{0.01775}{1+0.0337t+0.0002212t^2}=$　　　　　cm^2/s

雷诺数　$Re=\dfrac{\upsilon d}{\nu}=$

（2）实验记录与计算

实验记录与计算见表5.1。

24

表 5.1　雷诺实验测试与计算表

序号	颜色水形态	体积 V /cm³	时间 t /s	流量 Q /(cm³/s)	流速 v /(m/s)	雷诺数 Re	阀门开度增或减	备注
1							（↑）	
2								
3								
实测上临界雷诺数（平均值）$Re_k =$								
4							（↓）	
5								
6								
实测下临界雷诺数（平均值）$Re_k =$								

注：颜色水形态指稳定直线，稳定略弯曲，直线摆动，直线抖动，断续、完全散开等。

实验注意事项如下。

① 应保持水箱中的水位恒定。实验中可适当调节调速器，以降低流动产生的扰动，但需保证溢流板处有水溢出。

② 每调节一次流量调节阀，均需等待稳定几分钟。

③ 在测定下临界雷诺数过程中，流量调节阀只许关小，不许开大。

④ 在测定上临界雷诺数过程中，流量调节阀只许开大，不许关小。

5.4　实验分析与讨论

① 流态判据为何采用临界雷诺数，而不采用临界流速？

② 为何认为上临界雷诺数无实际意义，而采用下临界雷诺数作为层流与紊流的判据标准？实测下临界雷诺数 Re_k 与公认值偏离多少？原因何在？

③ 雷诺实验得出的圆管流动的下临界雷诺数为 2320，而本教材中采用的下临界雷诺数是 2000，原因何在？

④ 为什么在测定 Re_k 时调小流量过程中，不许有反调流量？

⑤ 分析层流和紊流的运动学特性和动力学特性方面各有何差异？

第6章　沿程水头损失实验

6.1　沿程水头损失的基本理论

流体运动过程中将产生两种阻力和两种水头损失，即沿程阻力、局部阻力；沿程水头损失和局部水头损失。由于流体黏性影响，在流体流动的边界条件（几何形状、面积、方向）沿程不变时，均匀分布在流程上，与流程长呈正比的阻力称沿程阻力，由此产生的水头损失称沿程水头损失。由于流体的流动边界条件突变，如过流断面形状、面积变化或流动方向改变所引起的阻力称局部阻力，由此产生的水头损失称局部水头损失。

6.1.1　均匀流的沿程水头损失

由于均匀流上同一条流线上各点的流速相等，各过流断面上的流速分布、断面平均流速、断面形状、面积等水力要素都沿程保持不变，因此其上只有沿程水头损失。两过流断面之间的总水头损失等于沿程损失，等于该两断面的测压管水头差。

$$h_{f1\text{-}2}=h_w=\left(z_1+\frac{p_1}{\rho g}\right)-\left(z_2+\frac{p_2}{\rho g}\right) \tag{6.1}$$

可采用达西公式计算沿程水头损失：

$$h_f=\lambda\,\frac{l}{4R}\times\frac{v^2}{2g}$$

达西公式是计算沿程水头损失的常用公式，它适用于均匀流的任何流动型态，即层流与紊流均可适用。对于有压圆管流动，由于水力半径 $R=\dfrac{d}{4}$，则有压圆管流的沿程水头损失计算公式变为：

$$h_f=\lambda\,\frac{l}{d}\times\frac{v^2}{2g} \tag{6.2}$$

式中，λ 称为沿程阻力系数，它综合反映与切应力 τ 有关的因素对沿程水头损失 h_f 的影响。因而，沿程水头损失的计算就转化为沿程阻力系数 λ 的计算。在层流与紊流两种不同的流动型态中沿程阻力系数 λ 完全不同。

6.1.2　沿程阻力系数

在层流运动中，沿程阻力系数为：

$$\lambda=\frac{64}{Re} \tag{6.3}$$

实际流体的运动多为紊流运动。在紊流运动中，由于流体黏性与固壁的限制作用，紧靠固壁一薄层流体质点速度受到影响，其脉动流速很小，脉动附加切应力也很小，流速梯度却很大，黏性切应力起主导作用，可认为流体处于层流运动状态，这一薄层称为黏性底层。由于黏性底层和壁面粗糙的影响，紊流区域又分为三个区域，即紊流光滑区、紊流过渡区、紊流粗糙区。不同区域沿程阻力系数不同，通常以壁面的绝对粗糙度和黏性底层厚度的相对比值的不同来判别紊流所处的区域，也可用粗糙雷诺数来判别。关于粗糙雷诺数的含义可查阅流体力学的书籍。对于圆管紊流区域的判别，标准如下：

紊流光滑区 $\qquad$ $\Delta<0.4\delta_l$ 或 $Re_*<5$

紊流过渡区 $\qquad$ $0.4\delta_l<\Delta<6\delta_l$ 或 $5<Re_*<70$

紊流粗糙区 $\qquad$ $\Delta>6\delta_l$ 或 $Re_*>70$

注意，当流动条件发生改变时，流动的分区也将发生变化。即：在某一雷诺数下流动可能是紊流光滑（或紊流粗糙）区，但当雷诺数发生变化后，流动可能变为紊流粗糙（或紊流光滑）区。

(1) 沿程阻力系数 λ 的半经验公式　对于工业管道，选用与工业管道沿程阻力系数 λ 值相等的同直径人工粗糙管的粗糙度 Δ 作为当量粗糙度。取当量粗糙度后，紊流光滑区和紊流粗糙区的沿程阻力系数可采用尼古拉兹的半经验公式计算，如下：

① 紊流光滑区（$\Delta<0.4\delta_l$，或 $Re_*<5$）

$$\frac{1}{\sqrt{\lambda}}=2\lg(Re\sqrt{\lambda})-0.8 \qquad (6.4)$$

② 紊流粗糙区（$\Delta>6\delta_l$，$Re_*>70$）

$$\frac{1}{\sqrt{\lambda}}=2\lg\left(\frac{r_0}{\Delta}\right)+1.74 \qquad (6.5)$$

(2) 沿程阻力系数 λ 的经验公式

① 紊流光滑区经验公式

拉休斯公式： $\qquad$ $\lambda=\dfrac{0.316}{Re^{0.25}} \quad (Re<10^5) \qquad (6.6)$

② 紊流粗糙区经验公式

舍维列夫公式（管道流速 $v>1.2\text{m/s}$）

$$\lambda=\frac{0.0210}{d^{0.3}} \quad (水温为 10℃) \qquad (6.7)$$

谢才公式： $\qquad$ $\lambda=\dfrac{8g}{C^2},C=\sqrt{8g/\lambda} \qquad (6.8)$

③ 紊流过渡区经验公式

舍维列夫公式（管道流速 $v<1.2\text{m/s}$）

$$\lambda=\frac{0.0179}{d^{0.3}}\left(1+\frac{0.867}{v}\right)^{0.3} \quad (水温为 10℃) \qquad (6.9)$$

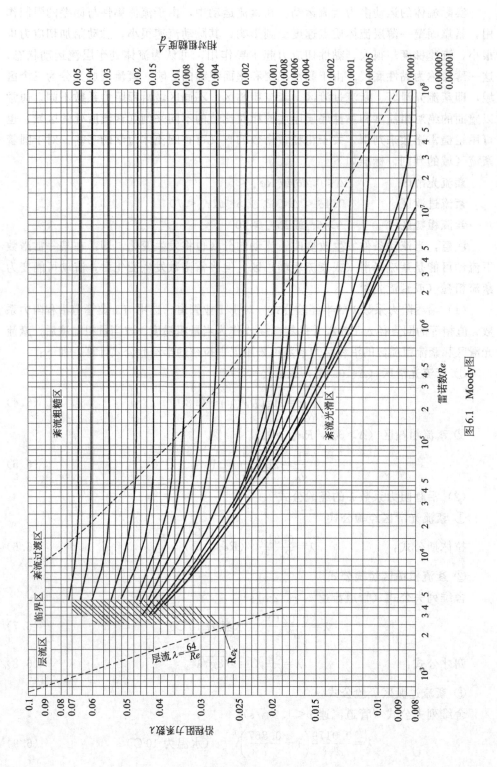

图 6.1 Moody图

柯列勃洛克公式： $$\frac{1}{\sqrt{\lambda}}=-2\lg\left(\frac{\Delta}{3.7d}+\frac{2.51}{Re\sqrt{\lambda}}\right) \tag{6.10}$$

柯列勃洛克公式也适合三个区域，在暖通空调专业中通常用莫迪（Moody）图（图 6.1）。

6.2 实验目的、要求与测试内容

6.2.1 实验目的与要求

① 加深理解圆管层流和紊流的沿程水头损失随流速变化的规律。
② 掌握管道沿程水头损失的测量方法。
③ 掌握管道沿程阻力系数的测量技术及压差计的测量方法。
④ 分析沿程阻力系数与雷诺数 Re 的关系。

6.2.2 实验测试内容

① 测定压差计两支液面的高差，要求能正确读取测压管液面的水位读数。
② 通过等压面原理分析和计算两断面的测压管水头差，即水头损失。
③ 测定水温，并计算雷诺数。
④ 采用时间体积法测定管道实际通过的流量。
⑤ 通过沿程水头损失，计算沿程阻力系数。

6.3 实验操作步骤

6.3.1 实验装置与仪器

沿程水头损失实验仪由自循环供水器（循环水泵）、供水阀、旁通阀、无级调速器、实验管道、水封器、压力传感器、电测仪、差压计（气阀、滑动测量尺）、流量调节阀、接水盒、回水管等组成，如图 6.2 所示。

6.3.2 实验方法及步骤

（1）熟悉实验仪器，记录有关参数。

（2）打开电测仪电源，预热 10min。

（3）调试仪器

① 全开供水阀和旁通阀，启动水泵供水，然后打开流量调节阀，排净实验管道内气体后关闭流量调节阀。

② 松开压力传感器上的两旋钮 F_1、F_2，使之渗水；同时逐根检查并轻弹连通管以排除其中的气体和杂质，排净后拧紧 F_1、F_2。

（4）校零　检查压差计压差是否为零（允许 1mm 误差），若不能达到要求，则应再调试直至压差为零，然后将电测仪读数调至零点。

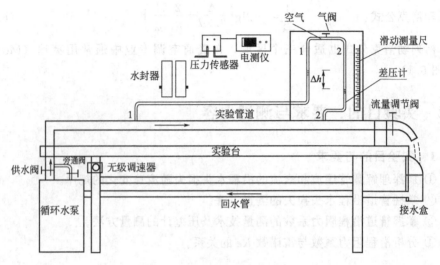

图 6.2　沿程水头损失实验仪

（5）层流区量测

① 微微开启流量调节阀，流体流速较小，流动处于层流状态。稳定 2～3min 后，采用时间体积（重量）法量测流量，施测时间不少于 2min 以减少采集水体体积和重量时的误差。

② 读取压差计读数和测量水体的温度，计算雷诺数。

③ 逐级微微调大流量，重复以上测量方法，测试 3 组流量。在雷诺数接近 2000 时，完成层流区量测。

（6）层流～紊流过渡区量测

① 继续调大流量，使压差计压差大约 2cm。由于流速加快，需改变流量的施测时间，在不少于 30s 的时间范围内测算流量，并同步测读压差计读数和测量水体的温度，计算雷诺数。

② 继续调大流量，压差计读数大致每次递增 1～2cm 压差，测试 2 组流量。

（7）紊流区量测

① 待雷诺数接近 4000，完成层流～紊流过渡区的量测。关闭压差计连通管上的止水夹，全开流量调节阀，以约 15s 时间测算流量、测读电测仪读数、测量水体的温度，计算雷诺数。

② 逐步关小循环水泵上的旁通阀，使电测仪读数每次递增 100～150cm 直至旁通阀全部关闭，重复以上方法，测量 3～5 组流量（随着流量的增大，测流时间相应缩短），测量水体的温度，计算雷诺数。

（8）测试完毕后，先将旁通阀全部打开，然后关闭流量调节阀，再开启压差计连通管上的止水夹，重新校核压差计压差是否为零，无误后关闭水泵电源和电测仪开关，将仪器恢复到实验前状态。

6.3.3 实验记录与数据处理

（1）记录计算有关参数、常数

管道直径：$d=$ cm。实验段长度：$L=$ cm。

计算常数：$K=\pi^2 g d^5/8L=$ $\mathrm{cm}^5/\mathrm{s}^2$。

（2）实验记录与计算　实验记录与计算见表 6.1。

（3）绘制 $\lg v \sim \lg h_f$ 曲线，见图 6.3，并确定直线斜率。

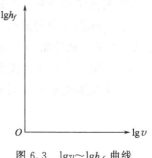

图 6.3　$\lg v \sim \lg h_f$ 曲线

实验注意事项如下。

① 层流区、层流～紊流过渡区量测时调节流量要缓慢，避免由于快速的流量调节形成紊流。

② 本实验仪层流区的范围是 $h_f<2\mathrm{cm}$，层流～紊流过渡区范围是 $2\mathrm{cm}<h_f<5\mathrm{cm}$，其余属于紊流光滑区，少部分仪器可达紊流过渡区，现有仪器均不能达到紊流阻力平方区。

表 6.1　沿程水头损失与沿程阻力系数计算表

序号	体积 V /cm^3	时间 t /s	流量 Q /(cm^3/s)	流速 v /(cm/s)	水温 T /℃	黏度 ν /(cm^2/s)	雷诺数 Re	压差计读数 /cm		沿程水头损失 h_f /cm	沿程阻力系数 λ	$Re<2000$ $\lambda=\dfrac{64}{Re}$
								h_1	h_2			
1												
2												
3												
4												
5												
6												
7												
8												
9												
10												

6.4　实验分析与讨论

① 为什么压差计的水柱差就是沿程水头损失？如实验管道安装成倾斜，是否影响实验成果？

② 根据实验资料，判别本实验的流动型态和流区。

③ 实际钢管中的流动，大多为紊流光滑区或紊流过渡区，而水电站泄洪洞的流动，大多为紊流阻力平方区，其原因何在？

④ 管道的当量粗糙度如何测得？

⑤ 本次实验结果与莫迪图吻合与否？试分析其原因。

第7章 局部水头损失实验

7.1 局部水头损失的基本理论

由于流动边界急剧变化所产生的阻力称局部阻力，克服局部阻力引起的水头损失称局部水头损失。为满足工程需要，使断面形状、面积大小和流动方向改变，从而流动边界产生各种各样的突变，这些突变甚至还可能是它们的某几种变化的综合型式。

从内部机理上，局部阻力或是由于边界面积大小变化引起的边界层分离现象产生，或是流动方向改变时形成的螺旋流动造成，或者两者都存在造成的局部阻力，因此，很难能用一个公式表示。通常，局部水头损失用局部阻力系数 ζ 和流速水头的乘积表示，即

$$h_f = \zeta \frac{v^2}{2g}$$

绝大多数的局部阻力系数 ζ 只能通过实验测定，不同的边界形状局部阻力系数 ζ 不同，只有少数局部阻力系数可以用理论分析得出。如突然扩大的局部水头损失与阻力系数：

$$h_j = \frac{(v_1 - v_2)^2}{2g} \tag{7.1}$$

或

$$h_j = \left(\frac{A_2}{A_1} - 1\right)^2 \frac{v_2^2}{2g} = \zeta_2 \frac{v_2^2}{2g} \tag{7.2}$$

或

$$h_j = \left(1 - \frac{A_1}{A_2}\right)^2 \frac{v_1^2}{2g} = \zeta_1 \frac{v_1^2}{2g} \tag{7.3}$$

式中，$\zeta_2 = \left(\frac{A_2}{A_1} - 1\right)^2$ 和 $\zeta_1 = \left(1 - \frac{A_1}{A_2}\right)^2$ 均为断面突然扩大的局部阻力系数。

对于突然缩小的局部阻力系数为：

$$\zeta = 0.5\left(1 - \frac{A_2}{A_1}\right) \tag{7.4}$$

7.2 实验目的、要求与测试内容

7.2.1 实验目的与要求

① 掌握三点法、四点法测量局部水头损失与局部阻力系数的技能。

② 验证圆管突然扩大局部阻力系数公式及突然缩小局部阻力系数经验公式。

③ 加深对局部水头损失机理的理解。

7.2.2 实验测试内容

① 测压管水头测定。

② 采用时间体积法测定管道实际通过的流量。

③ 测算局部阻力系数与局部水头损失。

7.3 实验操作步骤

7.3.1 实验装置与仪器

局部水头损失实验仪由自循环供水器（循环水泵）、实验台、无级调速器、水箱、溢流板、稳水孔板、突然扩大与突然缩小实验管道、测压管、流量调节阀、接水盒、回水管等组成，如图 7.1 所示。

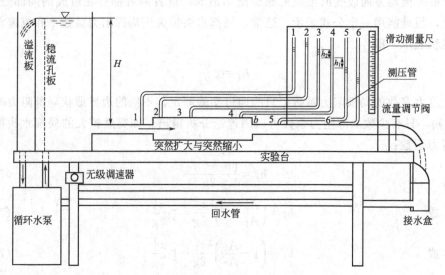

图 7.1 局部水头损失实验仪

7.3.2 实验方法及步骤

① 熟悉实验仪器，记录有关参数。

② 打开电源供水，待水箱溢流恒定后全开流量调节阀，排除实验管道内气体。管道内气体排净后关闭流量调节阀，检查测压管液面是否齐平。

③ 全开流量调节阀，待流量稳定后，采用时间体积法测算流量，并计算通过各管段的流速，同时读取测压管液面高度。

④ 调节流量调节阀开度，逐级放大流量，重复步骤③，测试 5 组流量，记录数据到计算表 7.1 中。

⑤ 关闭流量调节阀，再次检查测压管液面是否齐平。若未齐平，则需重新实验。齐平后关闭电源，将仪器恢复到实验前状态。

7.3.3 实验记录与数据处理

(1) 记录计算有关参数、常数

仪器编号：

测点管段直径：$d_1=$ cm；$d_2=d_3=d_4=$ cm；$d_5=d_6=$ cm。

测点间距：$L_{1-2}=12$cm；$L_{2-3}=24$cm；$L_{3-4}=12$cm；$L_{4-b}=6$cm；$L_{b-5}=6$cm；$L_{5-6}=6$cm。

(2) 实验记录与计算　实验记录与计算见表 7.1、表 7.2。

表 7.1　测试数据记录表　　　　　　　　　　单位：cm

序号	体积 V/cm³	时间 t/s	流量 Q/(cm³/s)	测压管读数					
				1	2	3	4	5	6
1									
2									
3									
4									
5									

表 7.2　实验数据计算表　　　　　　　　　　单位：cm

局部阻力形式	序号	流量 Q /(cm³/s)	前断面		后断面		前后断面实测沿程水头损失 h_f	实测局部水头损失 h_j	实测局部阻力系数 ζ	理论局部水头损失 h'_j
			$\frac{\alpha v^2}{2g}$	总水头 H	$\frac{\alpha v^2}{2g}$	总水头 H				
突然扩大	1									
	2									
	3									
	4									
	5									
突然缩小	1									
	2									
	3									
	4									
	5									

实验注意事项如下。

① 实验中注意测压管 2、3、4 的液面读数应反映出它们之间由于流长比例关系而在测压管液面读数上的变化。

② 每调节一次流量，需稳定 2～3min 后才能开始测量。

③ 为了避免由于实验管道长度的限制和流动产生的扰动以及测试等因素造成的误差过大，实验中应尽量在大流量情况下测试。

7.4 实验分析与讨论

① 结合实验成果，分析比较突然扩大与突然缩小条件下的局部水头损失大小的关系。

② 不同雷诺数 Re 下，突然扩大的局部阻力系数 ξ 是否相同？

③ 在管径比变化相同的条件下，其突然扩大的局部阻力系数 ξ 是否一定大于突然缩小的局部阻力系数 ξ？为什么？

④ 结合流动显示出的水力现象，分析局部水头损失的机理何在？产生突然扩大与突然缩小的局部阻力的主要部位在哪里？怎样减小局部阻力与损失？

第8章 恒定孔口、管嘴出流实验

8.1 恒定孔口、管嘴出流的基本知识

8.1.1 恒定孔口出流

在容器上开孔，流体经孔口流出的水力现象称孔口出流。如市政工程中的各类取水、泄水闸孔、水坝中泄水管、游泳池放水管、孔板流量计、门窗自然通风流量的计算等。根据能量方程可推得以下流量公式：

$$Q = Av = \varepsilon A\varphi \sqrt{2gH_0} = \mu A \sqrt{2gH_0} \tag{8.1}$$

$$\mu = \varepsilon\varphi = \frac{\varepsilon}{\sqrt{1 + \xi_0}} \tag{8.2}$$

式中 H_0——包括行径流速和液面压强在内的孔口中心线上的作用水头；

ξ_0——孔口处的局部阻力系数；

ε——收缩系数，$\varepsilon = \dfrac{A_c}{A}$；

A_c——收缩断面面积；

φ——流速系数，$\varphi = \dfrac{1}{\sqrt{1 + \xi_0}}$。

对于圆形小孔口完散收缩的薄壁孔口出流，实验得到其流量系数为 0.62。大孔口或非圆形孔口的流量系数可由实验得到。

8.1.2 恒定管嘴出流

在容器孔口断面上接一段长 $l = (3 \sim 4)d$ 管径的管嘴，流体经此管嘴并在出口断面充满整个管嘴断面的出流现象称管嘴出流。管嘴出流的流量和流量系数的计算方法、公式与孔口出流相同，但流量系数有所不同。

$$Q = Av = A\varphi \sqrt{2gH_0} = \mu A \sqrt{2gH_0} \tag{8.3}$$

管嘴出流的流量系数等于流速系数，其值为：

$$\mu = \varphi = \frac{1}{\sqrt{1 + \sum\xi + \lambda\dfrac{l}{d}}} \tag{8.4}$$

对于圆柱形外管嘴完散收缩时，可取流量系数 $\mu = 0.82$。

尽管管嘴的存在增大了沿程水头损失和局部水头损失，但在管嘴收缩断面处，形成真空，变相地加大了作用水头，从而流量和流量系数增大。对于圆柱形外管嘴

完散收缩的流量系数较孔口出流提高了 32%。

8.1.3 流量系数的测定

实验过程中，不考虑水头损失，按理想流体可得管嘴或孔口的理论流量：

$$Q_{理论} = Av = A\sqrt{2gH_0} = A\sqrt{2gH_0} \tag{8.5}$$

若实测流量为 $Q_{实测}$，则流量系数为：

$$\mu = \frac{Q_{实测}}{Q_{理论}} \tag{8.6}$$

8.2 实验目的、要求与测试内容

8.2.1 实验目的与要求

① 理解射流与孔口出流的特点。
② 掌握管嘴出流的水力现象。
③ 灵活应用静力学的基本知识，由测压管读数推求作用水头。
④ 掌握孔口、管嘴出流的流量计算公式与流量系数的大小。

8.2.2 实验测试内容

① 准确读取测压管水位，测定孔口、管嘴的作用水头。
② 测定孔口收缩断面的直径。
③ 测定孔口与管嘴出流的流量和流量系数。
④ 观察理解射流与孔口出流的水力现象。

8.3 实验操作步骤

8.3.1 实验装置与仪器

孔口与管嘴出流实验仪由自循环供水器（循环水泵）、实验台、无级调速器、

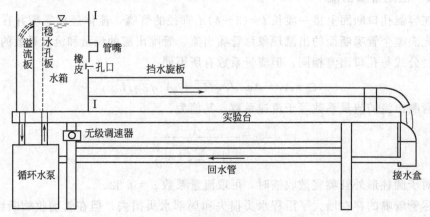

图 8.1 孔口与管嘴出流实验仪（一）

水箱、溢流板、稳水孔板、孔口、管嘴、挡水旋板、移动触头、上回水槽、标尺、测压管、接水盒、回水管等组成，如图8.1、图8.2所示。

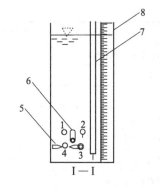

8.3.2　实验方法及步骤

① 熟悉实验仪器，记录有关参数。

② 启动电源供水，待水箱溢流稳定后打开圆角形管嘴1，液面稳定后测量恒定液面高程的标尺读数 H_1，采用时间体积法测量流量 Q，完毕后堵塞圆角形管嘴1。

③ 打开圆柱形管嘴2，测量恒定液面高程的标尺读数 H_1 及流量 Q，观察和测量圆柱形管嘴出流时的真空度，由测压管液面水位得到，完毕后堵塞圆柱形管嘴2。

图8.2　孔口与管嘴出流实验仪（二）
1—圆角形管嘴；2—圆柱形管嘴；3—圆锥形管嘴；4—孔口；5—测量孔口射流收缩直径的移动触头；6—上回水槽；7—测压管；8—标尺

④ 打开圆锥形管嘴3，测量恒定液面高程的标尺读数 H_1 及流量 Q，完毕后堵塞圆锥形管嘴3。

⑤ 打开孔口4，观察孔口出流现象，测量恒定液面高程的标尺读数 H_1 及流量 Q。松开孔口两边的移动触头螺丝，先移动一边触头将其与水股切向接触后旋紧螺丝，再移动另一边触头使之与水股切向接触并旋紧螺丝，然后用挡水旋板关闭孔口，用游标卡尺测量触头间距，即为射流直径。

⑥ 关闭电源，将仪器恢复到实验前状态。

8.3.3　实验记录与数据处理

（1）记录计算有关参数

仪器编号：

圆角形管嘴 $d_1 =$ 　　　cm，出口高程读数 $z_1 = z_2 =$ 　　　cm，圆柱形嘴 $d_2 =$ 　　　cm，圆锥形嘴 $d_3 =$ 　　　cm，出口高程读数 $z_3 = z_4 =$ 　　　cm，孔口 $d_4 =$ 　　　cm。

（2）实验记录与计算

实验记录与计算见表8.1。

8.1　实验记录与计算表

分类项目	1 圆角形管嘴		2 圆柱形管嘴		3 圆锥形管嘴		4 孔口	
水面读数 H_1/cm								
体积 V/cm³								
时间 t/s								
流量 Q/(cm³/s)								

分类项目	1 圆角形管嘴	2 圆柱形管嘴	3 圆锥形管嘴	4 孔口
平均流量 $\overline{Q}/(\text{cm}^3/\text{s})$				
作用水头 H_0/cm				
面积 A/cm^2				
流量系数 μ				
测管读数 H_2/cm	—		—	—
真空度 H_v/cm	—		—	—
收缩直径 d_c/cm	—		—	—
收缩断面 A_c/cm^2	—		—	—
收缩系数 ε		—		
流速系数 ϕ				
阻力系数 ζ				

实验注意事项如下。

① 在充水情况下打开各孔口、管嘴时应先将挡水旋板挡住孔口、管嘴进口，然后取下橡皮塞，再将挡水旋板旋开并尽量远离所测孔口、管嘴。

② 每测试完成一种情况，在塞橡皮塞前先旋转挡水旋板将管嘴、孔口进口盖好，再塞紧橡皮塞。

8.4 实验分析与讨论

① 分析孔口出流与管嘴出流流量系数的影响因素。

② 在哪些管嘴中容易出现真空，为什么？

③ 分析为什么三种管嘴的流量系数不同，何者最小？

第9章 堰流实验

9.1 堰流的一般理论

9.1.1 堰流的基本流量公式

在河渠上设障，使水位壅高，水流经过构筑物顶部溢流而过的水力现象称为堰流。河渠上设定的这些障碍物称为堰。在取水和排水工程中也常常采用堰来量取流量，如薄壁堰、宽顶堰。水利工程中采用实用堰作为溢流坝。堰流的下游不受限制时为自由出流，其流量计算公式为：

$$Q = m_0 b \sqrt{2g} H^{3/2} = mb \sqrt{2g} H_0^{3/2} \tag{9.1}$$

式（9.1）为矩形、无侧收缩、自由出流的完全堰流流量计算的基本公式。其中，m、m_0 为堰流流量系数，其值与 k、φ 值有关。k 为反映堰顶水流水股竖向收缩程度的竖向收缩系数，φ 为流速系数。H 为堰上作用水头，也可以用包括上游行近流速在内的总作用水头表示，$H_0 = H + \frac{\alpha_0 v_0^2}{2g}$。通过堰的流量与堰前总水头 H_0 的 3/2 次方成正比，与堰口的过水宽度 b 成正比。有侧收缩的薄壁堰的出流量公式变为：

$$Q = \varepsilon m_0 b \sqrt{2g} H^{3/2} \tag{9.2}$$

当堰下游水位高于堰顶时，堰流成为淹没出流，堰的实际作用水头减少，堰的实际过流能力减少，则淹没堰流量公式为：

$$Q = \sigma m_0 b \sqrt{2g} H^{3/2} \tag{9.3}$$

式中 ε——侧收缩系数，$\varepsilon < 1$；

      σ——淹没系数，$\sigma < 1$；

      b——堰宽。

9.1.2 堰流的流量系数

（1）矩形薄壁堰的流量系数

$$m_0 = \left(0.405 + \frac{0.0027}{H}\right)\left[1 + 0.55\left(\frac{H}{H + Z_1}\right)^2\right] \tag{9.4}$$

式中，H 和 Z_1 以米计；Z_1 为上游堰高。$\frac{0.0027}{H}$ 项反映表面张力的作用；方括号项反映行近流速水头的影响。公式适用范围为：堰上作用水头 $H = 0.05 \sim 1.24 \text{m}$，堰宽 $b = 0.2 \sim 2.0 \text{m}$，$Z_1 = 0.24 \sim 1.13 \text{m}$。

（2）三角形薄壁堰的流量

$$Q=1.343H^{2.47} \tag{9.5}$$

式中，堰上作用水头 H 以 m 计，流量以 m^3/s 计。公式适合于 $Z_1{\geqslant}2H$，$b{\geqslant}$（$3{\sim}4$）H 的范围，在流量 $Q{<}0.1m^3/s$ 时具有足够的精度。

（3）梯形薄壁堰的流量

$$Q=0.42b\sqrt{2g}H^{1.5} \tag{9.6}$$

式中，堰上水头 H、堰宽 b 均以米计，流量以 m^3/s 计。

（4）宽顶堰与实用堰的流量系数　宽顶堰与实用堰的流量系数可按如下经验公式计算。

① 圆角进口宽顶堰

$$m=0.36+0.01\frac{3-Z_1/H}{1.2+1.5Z_1/H} \tag{9.7}$$

当 $Z_1/H{\geqslant}3$ 时，$m{=}0.36$。

② 直角进口宽顶堰

$$m=0.32+0.01\frac{3-Z_1/H}{0.46+0.75Z_1/H} \tag{9.8}$$

当 $Z_1/H{\geqslant}3$ 时，$m{=}0.32$。

③ WES 型标准剖面实用堰。$Z_1/H{\geqslant}1.33$ 时，属高坝范围，$m{=}0.502$。

9.2　实验目的、要求与测试内容

9.2.1　实验目的与要求

① 理解掌握薄壁堰、实用堰与宽顶堰堰流的水力特征、功能和流量计算的基本方法。

② 掌握测量薄壁堰与实用堰流量 Q、流量系数 m 和淹没系数 σ_s 的实验技能，并测定无侧收缩宽顶堰的 m 及 σ_s 值。

③ 观察有坎、无坎宽顶堰或实用堰的水流现象，理解下游水位变化对宽顶堰过流能力的影响作用。

9.2.2　实验测试内容

① 测定堰上水位与作用水头，掌握各种堰流流量计算的基本方法。

② 测定薄壁堰、实用堰流量与流量系数 m。

③ 测定无侧收缩宽顶堰流量与流量系数 m 及淹没系数 σ_s。

9.3　实验操作步骤

9.3.1　实验装置与仪器

堰流实验仪由水泵循环供水系统、水槽、测针、三角堰、宽顶堰或实用堰、尾

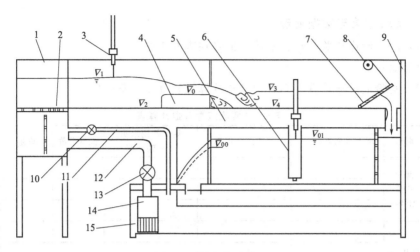

图 9.1　堰流实验装置

1—有机玻璃实验水槽；2—稳水孔板；3—测针；4—宽顶堰或实用堰；5—三
角堰量水槽；6—三角堰水位测针筒；7—多孔尾门；8—尾门升降轮；9—支
架；10—旁通管微调阀门；11—旁通管；12—供水管；13—供水流量
调节阀门；14—水泵；15—蓄水箱

门等部分组成，见图 9.1。

　　实验采用自循环水泵系统供水，回水储存在蓄水箱 15 中。实验时，由水泵 14 向实验水槽 1 供水，水流经三角形薄壁堰量水槽 5 流回到蓄水箱 15 中，水槽首部有稳水、消波装置，末端有多孔尾门及尾门升降机构。槽中可换装各种堰闸模型。堰闸上下游以及三角形薄壁堰量水槽水位分别用测针 3 与 6 量测。

9.3.2　实验方法及步骤

　　实验方法与步骤（以宽顶堰为例）。

　　① 熟悉实验仪器，记录有关参数。

　　② 根据实验要求流量，调节阀门 13 和下游尾门开度，使之形成堰下自由出流，同时满足 $2.5 < \delta/H < 10$ 的条件。待水流稳定后，观察宽顶堰自由出流的流动情况，定性绘出其水面线。

　　③ 用测针测量堰的上、下游水位，在实验过程中，不允许旋动测针针头。

　　④ 待三角形薄壁堰和测针筒中的水位完全稳定后（约 5min 左右），测记测针筒中水位。

　　⑤ 改变进水阀门开度，测量 3 组流量下的实验参数，计算流量系数 m。

　　⑥ 调节尾门，抬高下游水位，使宽顶堰成淹没出流（满足 $h_s/H_0 \geqslant 0.8$），测记流量 Q 及上、下游位。改变流量重复 2 次。

　　⑦ 由式(9.3)反算淹没系数 σ_s。

　　通过变换不同堰体，演示各种堰流水力现象及其下游水面衔接形式。

9.3.3 实验记录与数据处理

(1) 记录计算有关参数、常数，记录在表 9.1 中。

仪器编号：

(2) 实验记录与计算　实验记录与计算见表 9.1、表 9.2。

表 9.1　堰流流量系数计算表

次数	堰形	堰上水面高程 ∇_H	堰顶面高程 ∇_0	堰上作用水头 $H = \nabla_H - \nabla_0$	流量系数	流量	备注
1	薄壁三角形堰						
2							
3							
1	实用堰						
2							
3							
1	宽顶堰						
2							
3							

表 9.2　堰流淹没系数计算表

次数	堰形	堰上水面高程 ∇_H	堰下游水面高程 ∇_2	堰上作用水头 $H = \nabla_H - \nabla_2$	淹没系数	流量	备注
1	宽顶堰						
2							

9.4　实验分析与讨论

① 测量堰上水头 H 值时，堰上游水位测针读数为何要在堰壁上游 $(3\sim4)H$ 附近处测读？

② 为什么宽顶堰要在 $2.5 < \delta/H < 10$ 的范围内进行实验？

③ 有哪些因素影响实测流量系数的精度？如果行近流速水头略去不计，对实验结果会产生何种影响？

④ 请利用本实验装置，独立构思测量活动水槽糙率系数的实验方案（假定水槽中流动为阻力平方区）。

第 10 章 水面曲线实验

10.1 水面曲线的一般理论

10.1.1 临界水深与临界底坡

在明渠流动中地形条件对流动影响很大，往往由于底坡的陡缓程度或底部阻碍程度的强弱对流动产生不同的影响，呈现出急缓流态。如若给以干扰波，干扰波将根据水流的急缓程度不同，影响范围不同。当干扰波向上下游同时传播时的流动称为缓流；干扰波向上游传播的速度为零，主要向下游传播时，称为临界流；干扰波不向上游传播，只向下游传播时的流动称之为急流。

棱柱体渠道中，一定流量下，为临界流时的水深称临界水深。临界水深可按下式确定：

$$h_k = \sqrt[3]{\frac{q^2}{g}} \tag{10.1}$$

棱柱体渠道中水体做恒定均匀流时，当其均匀流时的水深（正常水深）等于临界水深时的渠道底坡称临界底坡

$$i_k = \frac{g x_k}{\alpha C_k^2 B_k} \tag{10.2}$$

式中 h_k、q、i_k——分别为临界水深、单宽流量、临界底坡；

x_k、C_k、B_k——分别为临界水深下的湿周、谢才系数和平均水面宽度。

10.1.2 水面曲线

明渠流动中，水面曲线的变化主要体现在水深的沿程变化。水深沿程逐渐增加时称壅水曲线，水深沿程逐渐降低时称降水曲线，这两种水面曲线为非均匀渐变流。当底坡急剧变化时，水面曲线也将急剧变化，将出现水跃或跌水的局部水力现象。水跃是水流从急流状态过渡到缓流状态时水面突然跃升产生的局部水力现象。跌水是水流从缓流状态过渡到急流状态时水面突然降低产生的局部水力现象。

水面曲线的沿程变化规律，可以从下面非均匀渐变流的微分方程分析得到，根据不同渠道底坡，水面曲线有不同的类型。

$$\frac{\mathrm{d}h}{\mathrm{d}s} = \frac{i-J}{1-F_r^2} \tag{10.3}$$

式(10.3)为棱柱体渠道恒定渐变流水面曲线的微分方程，它反映了水深沿程

变化的规律。若 $\dfrac{\mathrm{d}h}{\mathrm{d}s}>0$ 时，水深沿程增加，水面曲线为壅水曲线；$\dfrac{\mathrm{d}h}{\mathrm{d}s}<0$ 时，水深沿程减小，水面曲线为降水曲线。

（1）顺坡（$i>0$）渠道的水面曲线　顺坡渠道中又分为缓坡、陡坡、临界坡。在各种底坡下的不同区域都可根据式（10.3）进行水面曲线分析，可绘出顺坡渠道中，缓坡、陡坡、临界坡渠道内不同区域的水面曲线，对于缓坡、陡坡、临界坡渠道中的水面曲线可分别用下标 1、2、3 加以区分，见图 10.1。图 10.2 为顺坡渠道的水面曲线的工程实例。

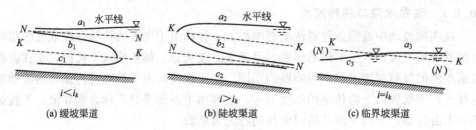

图 10.1　顺坡渠道的水面曲线

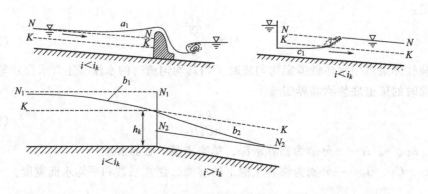

图 10.2　顺坡渠道的水面曲线工程实例

（2）平坡（$i=0$）与逆坡（$i<0$）渠道　平坡渠道的水面曲线以下标"0"表示，见图 10.3(a)。图 10.3(b) 为平坡渠道水面曲线的工程实例。

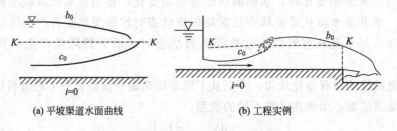

图 10.3　平坡渠道水面曲线与工程实例

逆坡渠道的水面曲线以上标"′"表示，见图 10.4(a)，工程实例见图 10.4(b)。

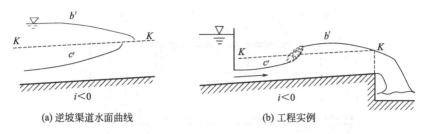

(a) 逆坡渠道水面曲线　　　　　　　(b) 工程实例

图 10.4　逆坡渠道上的水面曲线与工程实例

10.2　实验目的、要求与测试内容

10.2.1　实验目的与要求

①　掌握临界水深、临界底坡、急流、缓流、临界流的含义。

②　掌握十二种水面曲线的生成条件。

③　观察棱柱体渠道中非均匀渐变流的十二种水面曲线。

10.2.2　实验测试内容

①　测定水槽通过的流量，计算临界水深和临界底坡。

②　分析和控制十二种水面曲线的生成条件。

③　在棱柱体渠道中演示非均匀渐变流的十二种水面曲线。

10.3　实验操作步骤

10.3.1　实验装置与仪器

水面曲线实验仪由水泵循环供水系统、变坡水槽、闸门、长度标尺、升降机构等部分组成，实验装置见图 10.5。

实验装置配有新型高比速直齿电机驱动的升降机构 14，按下 14 的升降开关，水槽 6 即绕轴承 9 摆动，从而改变水槽的底坡。坡度值由升降杆 13 的标尺值（Δz）和轴承 9 与升降机上支点水平间距（L_0）算得，平坡可依底坡水准泡 8 判定。实验流量由可控硅无级调速器 3 调控，采用时间体积法测定。槽身设有两道闸板，用于调控上下游水位，以形成不同水面线型。闸板锁紧轮 11 用以夹紧闸板，使其定位。水深由滑尺 12 量测。

10.3.2　实验方法及步骤

（1）熟悉实验仪器，记录有关参数。

（2）启动电源，水泵供水至水位稳定后，测量水槽通过的流量。采用时间体积法测量，重复三次，取平均。

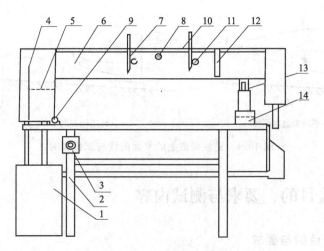

图 10.5 水面曲线实验仪

1—自循环供水器；2—实验台；3—可控硅无级调速器；4—溢流板；5—稳水孔板；
6—变坡水槽；7—闸板；8—底坡水准泡；9—变坡轴承；10—长度标尺；11—闸
板锁紧轮；12—垂向滑尺；13—带标尺的升降杆；14—升降机构

（3）启动升降机构 14，改变水槽底坡，使其处于顺坡。在此底坡上可演示陡
坡、缓坡、临界坡上的各种水面曲线。

① 调节底坡，使实际底坡等于临界坡，即 $i=i_k$。插入闸门 7，观察闸门前后
出现的水面曲线 a_3、c_3 的类型，同时观察下游跌水产生的降水曲线 b_3。

② 调节底坡，使水槽底坡大于临界底坡，即 $i>i_k$。插入闸门 7，观察闸门前
后出现的水面曲线 a_2、c_2 的类型，观察下游跌水产生的降水曲线 b_2。

③ 调节底坡，使水槽底坡小于临界底坡，即 $i<i_k$。插入闸门 7，观察闸门前
后出现的水面曲线 a_1、c_1 的类型，观察下游跌水产生的降水曲线 b_1。

（4）启动升降机构 14，改变水槽底坡，使其处于平坡或逆坡。

① 调节底坡，使水槽底坡水平，即 $i=0$。插入闸门 7，观察闸门前后出现的
水面曲线 a_0、c_0 的类型。

② 调节底坡，使水槽底坡 $i<0$。插入闸门 7，观察闸门前后出现的水面曲线
a'、c' 的类型。

10.3.3 实验记录与数据处理

（1）记录计算有关参数

仪器编号：

水槽宽 $B=$　　cm，两支点长度 $L_0=$　　cm，升降杆标高 $\nabla=$　　cm，水体
体积 $V=$　　cm^3，时间 $t=$　　s，流量 $Q=$　　cm^3/s。

（2）水面曲线绘制　以上水面曲线绘制可类似于图 10.6、图 10.7。

实验注意事项如下。

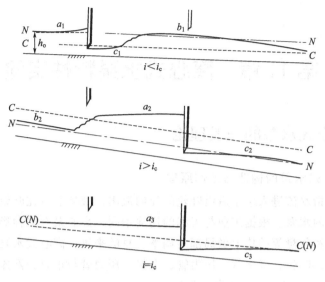

图 10.6 顺坡渠道的水面曲线

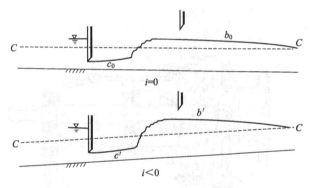

图 10.7 平坡与逆坡渠道的水面曲线

① 12 种水面线分别产生于 5 种不同底坡，因而实验时，必须先确定底坡性质，其中需测定的也是最关键的是平坡和临界坡。

② 平坡可依水准泡或升降标尺值判定。

10.4 实验分析与讨论

① 判别临界流除了采用临界底坡方法外，还有其他什么方法？

② 分析计算水面线时，急流和缓流的控制断面应如何选择？为什么？

③ 在进行缓坡或陡坡实验时有三个区域不同形式的水面曲线，为什么在临界底坡时，只出现两个区域的水面曲线？

第11章 离心式水泵特性实验

11.1 离心式水泵的一般理论

11.1.1 离心式水泵的构造与工作原理

离心泵是指水流进入水泵后沿叶轮的径向流出，液体质点在叶轮中流动主要受到离心力作用的水泵。根据工业与工程的用途不同，离心泵有多种形式，每种形式在叶轮的形状和数量等结构上做局部的调整。总的来讲，离心式水泵主体结构均包括泵壳、泵轴、叶轮、吸水管、压力管、电机，压力管与市政管网连接，吸水管与吸水池连接。IS型离心泵的结构见图11.1。

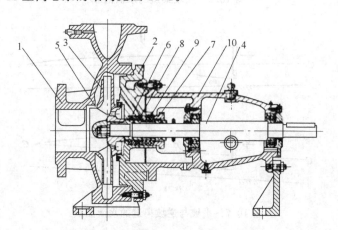

图 11.1 IS 型离心泵结构示意图

1—泵体；2—泵盖；3—叶轮；4—轴；5—密封环；6—轴套；
7—填料压盖；8—填料环；9—填料；10—悬架轴承部件

各种离心泵的工作原理均相同。离心泵在启动前，应先用水灌满泵壳和吸水管道，然后驱动电机，使叶轮和水做高速旋转运动，在离心力的作用下水被甩出叶轮，经涡形泵壳的流道进入压力管，进而在市政管网中产生压力流动。与此同时，水泵和吸水管中因无水体而形成真空，从而吸水池的水体在大气压力作用下经吸水管流入水泵，并与水泵叶轮一道高速旋转，继而获得能量。在水泵电机的带动下，水体源源不断地吸入水泵获得能量和输送至管网。

离心泵的工作过程实质是一个能量的转换和传递的过程，它把电机高速旋转的机械能转换为水体的动能和势能，同时还有部分能量在传输过程中形成能量损失而耗散。水泵内能量损失的多少决定了水泵的工作效率，水泵的特性曲线也因此而发生变化。所谓水泵的特性曲线是在某一定的转速 n 下，调节压力管阀门，可获得多个不同的流量 Q，每一个流量 Q 又对应某一定的扬程 H 和轴功率 N、效率 η。若以 Q 为横坐标，H 为纵坐标，将所测得的各点流量与扬程用一条光滑曲线连接起来，此曲线称水泵的 Q-H 特性曲线。以 Q 为横坐标，N 为纵坐标，可测得水泵的 Q-N 特性曲线。用同样方法，可得出水泵的 Q-η 特性曲线。

11.1.2 离心式水泵的扬程与效率

水泵的扬程是指单位重量的液体通过离心泵后所获得的机械能，以"H"表示，单位为米（m），则通过水泵总重量液体的有效功率为：

$$N = \gamma Q H \tag{11.1}$$

式中 γ——液体的容重，常温下水的容重为 9.8kN/m^3；

Q——通过水泵的流量，m^3/s。

水泵轴从电机处传递得到的功率称轴功率，一般用 N_0 表示，单位为 kW。水泵效率 η 为有效功率与轴功率之比。即：

$$\eta = \frac{\gamma Q H}{N_0} \tag{11.2}$$

由此，可计算出在某一流量和扬程下的水泵效率 η。

离心泵装置的总扬程可以从吸水管和压水管的流速水头、压强水头、两断面的位置高差以及它们之间产生的水头损失求出。由能量方程得到：

$$H = \frac{p_\text{压}}{\gamma} + \frac{p_\text{真}}{\gamma} + \Delta Z + \frac{v_\text{压}^2 - v_\text{真}^2}{2g} + h_\text{w} \tag{11.3}$$

式中 $p_\text{压}$——压力表读数，Pa；

$p_\text{真}$——真空表读数，Pa，实验中真空表、压力表读数单位为 MPa，1MPa 相当于 100m 水柱的压强；

ΔZ——压力表与真空表连接点轴心之间的垂直距离，m；

h_w——压力表与真空表断面之间管路的水头损失，可以用流量 Q 和摩阻 s 表示，$h_w = sQ^2$；

$v_\text{真}$——吸水管上安装真空表断面的平均流速，m/s；

$v_\text{压}$——压水管上安装压力表断面的平均流速，m/s。

$$\frac{v_\text{压}^2 - v_\text{真}^2}{2g} = \frac{[4Q/(\pi d_2^2)]^2 - [4Q/(\pi d_1^2)]^2}{2g} = kQ^2 \tag{11.4}$$

k 值为常数，$k = \frac{8}{g\pi^2}\left(\frac{1}{d_2^4} - \frac{1}{d_1^4}\right)$。

实验中可采用功率表测定电机负荷（即消耗的电功率），电机功率 $N_\text{表}$ 乘上相应的电机效率得水泵的轴功率：$N = N_\text{表}\eta_\text{电机}$

电机效率随负荷而变化，可由电机效率的曲线图查得，见图11.2。

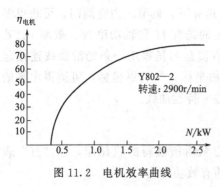

图 11.2　电机效率曲线

当离心泵在额定转速 n_N、额定功率 N_N 和额定流量 Q_N 下工作时的扬程称水泵的额定扬程 H_N；水泵在最高效率点运转时的扬程称水泵的最佳扬程 H_{max}；在水泵不致损坏的情况下连续运转许用的最高扬程称水泵的上限扬程，不致损坏的情况下能持续运转许用的最低扬程称水泵的下限扬程 H_{min}；水泵在额定转速下运转，而出水流量为零，但泵的吸水侧以及壳体内还充满液体时的扬程称水泵的零流量扬程，也叫关死扬程。水泵的峰值扬程是指水泵性能曲线（Q-H 曲线）中顶点的扬程，泵在此条件下运转是不稳定的。

11.1.3　离心泵的转速与比转速

离心泵的转速，是指泵转子每分钟回转的圈数，常用字母"n"来表示，单位为 r/min。水泵铭牌上标注的转速值是指应当配备的原动机转速。一般而言，原动机的转速可以略高于泵的转速，也可以低于泵的转速，不过，原动机的转速改变，泵的性能随之改变。水泵所配的原动机的转速提高，该泵的流量和扬程将随之提高，轴功率也将增大。它们之间的基本关系是：

$$\frac{Q_0}{Q}=\frac{n_0}{n} \qquad \frac{H_0}{H}=\frac{n_0^2}{n^2} \qquad \frac{N_0}{N}=\frac{n_0^3}{n^3} \tag{11.5}$$

式中　n_0——水泵的额定转速；

n——改变后的转速；

Q_0——水泵的额定流量；

Q——改变转速后的流量；

H_0——水泵的额定扬程；

H——改变转速后的扬程；

N_0——水泵的额定轴功率；

N——改变转速后的轴功率。

由此可见，在原动机的转速能够改变的情况下，可以利用改变原动机转速的办法来改变水泵的性能，以达到按需调节水泵系统的流量、扬程或轴功率的目的，如变频调速等。

离心泵的比转速 n_s 与离心泵的转速 n 不同，比转速可以理解为"与模拟泵比较用的转速"。关于比转速的概念，可以描述成：当总水头为 1m、流量为 0.075m³/s 时，与已知的水泵成几何相似的另一离心泵的转速称之为比转速。它是为了研制水泵方便而制作的模型泵的转速。在比较老的一些水泵型号中，都有比转速标出，如 12sh-9、14SA-10、32sh-24A 等型号中的 9、10、24，就是上述泵的比转速除以 10 之后的近似商。从水泵型号上的比转速数字看，有以下规律：对于相同口径的泵来说（其流量大体相似），比转速的数字越大，其扬程越低，所需轴功率也就越小；反之，扬程就高，轴功率也大。

11.1.4 离心泵的汽蚀余量与性能曲线

离心泵的汽蚀是指当流体流经离心泵叶轮叶片的入口侧时，其速度突然提高，流体的静压力比入口前的压力降低了，并出现负压和汽化现象，使叶轮特别是叶片根部产生汽蚀。汽蚀严重时将直接影响泵的扬程、流量、轴功率、效率等因素，直至无法正常运转。在产生汽蚀的状况下长期运转，也将直接影响到泵（特别是叶轮）的使用寿命。

流体的静压力下降，与泵的转速、叶轮入口，特别是叶片的几何形状、吸入流体的速度分布、被输送介质的密度和黏度以及泵的工作点都有关。为了避免产生过于严重的汽蚀，就必须使叶轮入口压力大于所输送液体的饱和蒸汽压力，所以离心泵要规定一个允许吸上真空高度即汽蚀余量。

离心泵性能曲线的形状与泵的类型、净吸入压头、制造、加工质量以及所输送介质的物理性质有关。离心泵在运行时，它的流量、扬程、轴功率、效率情况与其连接管路的状况直接相关。水泵的实际工作点不一定与铭牌上所标出的值相符。离心泵性能曲线的特点如下：

① 泵的最低效率点在泵的出水量为零时，泵的最高效率点并不在泵的最大流量时。

② 泵在下限扬程（许可的最低扬程）情况下运转时，出水量最大。

由式(11.3)可绘出水泵及管道系统的装置特性曲线，如图 11.3 所示。图中，h_{ST} 为水泵的提水高度，实验中取 $h_{ST} = \Delta Z$。

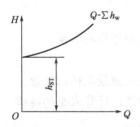

图 11.3　水泵及管道系统的装置特性曲线

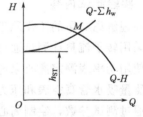

图 11.4　泵的实际工作点

离心泵的扬程流量 H-Q 性能曲线为一抛物线，如果把离心泵的扬程流量 H-Q 性能曲线和水泵管道系统的装置特性曲线画在同一坐标纸上，它们之间就会有一个交点。这个交点就是该泵在该管路系统中的实际工作点，见图 11.4。当几台泵并联或串联运转时，实际工作点又会发生变化，且情况更为复杂，具体见第 12、13 章。当比转速不同、叶轮不同，泵的性能曲线也将发生变化，可见表 11.1。

表 11.1　不同比转速、叶轮下的泵性能曲线

水泵类型	离心泵			混流泵	轴流泵
比转速	低比转速 50～80	中比转速 80～150	高比转速 150～300	300～500	500～1000
叶轮简图	D_0 D_2	D_0 D_2	D_0 D_2	D_0 D_2	D_0 D_2
尺寸比	$\dfrac{D_2}{D_0} \approx 2.5$	$\dfrac{D_2}{D_0} \approx 2.0$	$\dfrac{D_2}{D_0} \approx 1.8 \sim 1.4$	$\dfrac{D_2}{D_0} \approx 1.2 \sim 1.1$	$\dfrac{D_2}{D_0} \approx 0.8$
叶片形状	圆柱形	进口处扭曲 出口处圆柱形	扭曲形	扭曲形	扭曲形
性能曲线	Q-H Q-N Q-η	Q-H Q-N Q-η	Q-H Q-N Q-η	Q-H Q-N Q-η	Q-H Q-N Q-η

11.2　实验目的、要求与测试内容

11.2.1　实验目的与要求

① 理解离心泵的工作原理及基本构造。

② 学会正确操作使用离心泵。

③ 学会使用功率表、转速表、真空表和压力表、转子流量计测定离心泵的基本性能参数，通过计算，绘制水泵工作的特性曲线。

④ 根据离心泵工作时的特性曲线，进一步理解水泵潜在的工作能力。

11.2.2　实验测试内容

① 在理解离心泵的工作原理及构造的基础上正确操作离心泵。

② 采用转子流量计测量通过离心泵的流量。

③ 使用功率表测定离心泵电机功率，采用转速表测量电机的转数。

④ 测量吸水管真空表和压力管上的压力表的读数，计算水泵的扬程。

⑤ 通过测试参数，绘制离心泵的工作特性曲线。

11.3　实验操作步骤

11.3.1　实验装置与仪器

离心泵的工作特性曲线实验装置见图 11.5。水泵的吸水管与压水管路上分别接一真空表和压力表以及阀门 1、2，真空表与压力表上各接一阀门 3、4。压力管阀门后接一流量计。

水泵采用型号 Is50-32-125B，流量为 11m³/h，转速为 2900r/min，扬程为 15.5m。

实验仪器包括流量计、压力表、真空表、功率表、转速表（手持式）。

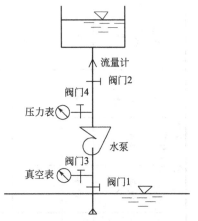

图 11.5　离心泵的工作特性曲线实验装置示意图

11.3.2　实验步骤

（1）离心式水泵的启动

① 启动前用手转动联轴器是否灵活，防止水泵卡死，烧坏电机。

② 关闭压力管阀门 2 及压力表和真空表阀门 3、4，打开吸水管上阀门 1。

③ 采用真空泵引水，也可采用注水方法排除空气。

④ 启动电动机（若接通电源后电动机不转或水泵有不正常的噪声和振动时，应立即关闭电源检查）。

⑤ 打开压力表的阀门 4。

⑥ 当水泵转速达到正常转数，压力表指示适当压力时，开启真空表的阀门 3。

⑦ 逐渐打开压力管的阀门 2 至全开，由转子流量计读取流量，读取压力表上的压力和真空表上的压力。

⑧ 采用功率表测定电动机功率，采用转速表测定电机转速。

⑨ 改变流量，压力管阀门 2 由全开逐渐减小，即流量由大到小进行测试。重复第⑦、⑧步，测试 5～7 组流量。

（2）离心式水泵的停机

① 慢慢地关闭压力管上的阀门 2，使水泵进入空转状态（注：控制在 3min 内）。

② 关闭真空表的阀门 3。

③ 停止电动机。

④ 压力表指针回到零点，然后关闭压力表阀门 4。

⑤ 打开排气阀及真空表阀门 3，使真空表指针回到零点然后再关闭。

⑥ 把实测的扬程、流量、轴功率换算为铭牌转速下的扬程、流量、轴功率，用坐标纸按一定比例绘出水泵的 Q-H、Q-N、Q-η 特性曲线（图 11.6）。

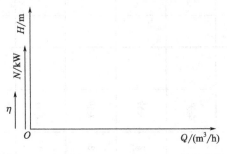

图 11.6　水泵的 Q-H、Q-N、Q-η 特性曲线

表11.2 实验记录与计算表

测点编号	阀门开启度	实测转速 n (r/min)	实测流量 Q (m³/h)	实测扬程					实测功率			换算成名牌转速的计算结果			
				压力表读数 H压 (MPa)	真空表读数 H真 (MPa)	$\frac{v_压^2-v_真^2}{2g}=kQ^2$ (m)	ΔZ (m)	扬程 H (m)	功率表读数 (kW)	电动机效率 (%)	轴功率 N (kW)	流量 Q (m³/h)	扬程 Q (m)	轴功率 N (kW)	水泵效率 η (%)
1	全开														
2	关转														
3	关转														
4	关转														
5	关转														
6	关转														
7	全关														

11.3.3 实验数据与分析

（1）记录计算有关参数

仪器编号：　　　　　　；水泵型号　　　　　；铭牌转速　　　 r/min。

（2）实验记录与计算　实验记录与计算见表 11.2。

11.4　实验分析与讨论

① 为什么要注意启动及停机前先将真空表关闭？

② 为什么要在出水管阀门关闭的情况下启动电动机？为什么水泵启动及停机时出水管阀门必须慢慢开启或慢慢关闭？

③ 计算水泵扬程时，为什么要加上 ΔZ？ΔZ 为什么是压力表轴心到真空表连接点的垂直距离？

④ 水泵效率 η 与转速 n 是否有关？为什么？

⑤ 实验中随着出水管阀门开启度的变化，真空表、压力表读数怎样变化（小→大或大→小），为什么？

⑥ 根据实验结果，试分析为充分发挥水泵的效能，应使其在什么条件下工作？

第 12 章　离心式水泵的串联实验

12.1　离心式水泵串联的基本理论

离心式水泵串联时，第一台水泵的压力管与第二台水泵的吸水管相连，因此，通过两台水泵的流量相等。水体从两台水泵处分别获得能量，管路系统压力增加。如设第一台水泵的扬程为 H_1，第二台水泵的扬程为 H_2，则管路系统水体共可获得能量 $H_1 + H_2$。

同样，在水泵串联工作时，管路系统总阻力等于每台水泵管路阻力的代数和，即 $h_w = h_{w1} + h_{w2}$。

若绘制离心式水泵串联工作时的特性曲线，可先绘出各单台水泵的性能曲线 H_1-Q 和 H_2-Q，然后将同一流量下的扬程叠加，即 $H = H_1 + H_2$，可绘出串联工作时的特性曲线 H_{1+2}-Q 曲线。

串联工作时的特性曲线 H_{1+2}-Q 将与水泵管道系统装置阻力特性曲线 h_w-Q 交于点 A，A 点即为串联水泵的工况点。过 A 点作垂线，与单台水泵单独运行时的特性曲线 H_1-Q 和 H_2-Q 分别交于 B、C 点，则 B、C 点即为两台水泵在串联工作时的工况点，见图 12.1。当多台水泵串联工作时，工况点类似确定。

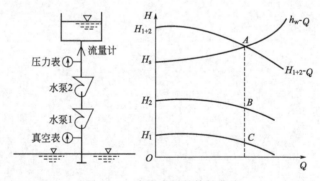

图 12.1　串联水泵的特性曲线

12.2　实验目的、要求与测试内容

12.2.1　实验目的与要求

① 理解掌握离心式水泵串联工作时的特点。

② 掌握水泵串联工作时的基本操作。

③ 通过实验增加感性认识，理解水泵串联工作提高总扬程的原理。

④ 掌握测定水泵串联工作时的 Q-H 特性曲线的方法。

12.2.2　实验测试内容

① 在掌握离心式水泵串联工作特点的基础上，正确操作串联水泵，使其正常工作。

② 测定离心泵电机功率、电机的转数，并通过转子流量计测量串联水泵的流量。

③ 采用真空表和压力表分别测定吸水管和压力管上的压力，计算串联水泵的总扬程。

④ 绘制串联水泵的特性曲线 Q-H。

12.3　实验操作步骤

12.3.1　实验装置与仪器

离心泵串联工作特性曲线实验装置见图 12.2。为相同型号的两台水泵串联，其型号为 Is50—32—125B；流量 11m³/h，转速 2900r/min；扬程 15.5m。

水泵 1 的吸水管上接一真空表，压力管上接一阀门 1 和压力表 1；水泵 2 压水管路上接一压力表 2 和阀门 2；其后接一转子流量计。水泵 1 由阀门 1 控制；水泵 2 由阀门 2 控制。

实验测试仪器包括转子流量计、压力表、真空表、功率表、转速表。

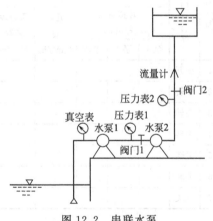

图 12.2　串联水泵

12.3.2　实验步骤

（1）水泵启动　水泵启动前用手转动联轴器看是否灵活，防止水泵卡死，烧坏电机。启动方法基本上与第 11 章相似，不同点在于以下几个方面。

① 两台水泵串联，必须按前后顺序启动，即两台水泵的吸水管、联络管都达到所需的真空值后，在阀门 1 和阀门 2 关闭的情况下，启动水泵 1。待水泵 1 的压力表 1 显示适当压力，开启阀门 1，在阀门 2 关闭的情况下启动水泵 2。待水泵 2 的压力表 2 显示适当压力后再慢慢开启阀门 2，从启动水泵 1 到开启阀门 2 的全部启动时间不应超过 2～3min。

② 启动时，水泵 2 的真空表是关闭的，整个实验过程中此真空表也是关闭的。

因为串联工作时水泵 2 的吸水管不是真空，故水泵 2 的真空表必须关闭以免损坏。也可以不设置真空表，见图 12.2。

③ 两台水泵启动后，阀门 1 是全开的，调节阀门 1 的开启度来测定不同的流量和扬程，方法同第 11 章。

同样由转子流量计读取流量，同时读取压力表上的压力和真空表上的压力。

④ 采用功率表测定电动机功率，采用转速表测定电机转速。

⑤ 改变流量，压力管阀门 1 由全开逐渐减小，即流量由大到小进行测试。重复第③、④步，测试 5~7 组流量。

（2）停机 先将阀门 1 慢慢关闭，关闭真空表的阀门，然后依次停止水泵 2、水泵 1。其他步骤同第 11 章。

12.3.3 实验数据分析

（1）记录计算有关参数

仪器编号：　　　　；水泵型号　　　　；铭牌转速　　　　r/min。

（2）实验记录与计算 实验记录与计算见表 12.1。

表 12.1 离心式水泵串联实验记录与计算表

测点编号	阀门开启度	实　测　数　值								换算成铭牌转速后的数值	
		转速 n /(r/min)			流量 Q /(m³/h)	压力表读数 $H_压$/m	真空表读数 $H_真$/m	$\dfrac{v_2^2-v_1^2}{2g}$ $=kQ^2$/m	ΔZ /m	扬程 H/m	流量 Q /(m³/h)	扬程 H/m
		泵 1	泵 2	平均								
1	全开											
2	关转											
3	关转											
4	关转											
5	关转											
6	关转											
7	全关											

数据的整理计算基本上同第 11 章，但需注意下列几点：

① 计算 $\dfrac{v_2^2-v_1^2}{2g}$ 时，v_2 指水泵 2 安装压力表处压水管中的流速，v_1 指水泵 1 真空表处吸水管中的流速。流量为串联机组的总流量。

② 两台水泵串联工作时，ΔZ 指水泵 2 压力表轴心与水泵 1 的真空表连接点之间的垂直距离。

③ 若串联工作的两台水泵铭牌转速相同，实测流量和扬程换算成铭牌转速的流量和扬程时，实测转速按两台泵的平均值计算。

若串联工作的两台水泵铭牌转速不同，则流量和扬程的转速换算就比较复杂。

流量可先由每台泵分别进行转速换算，然后取两者的平均值。扬程和转速换算，必须先根据流量和每台泵单独运行时的特性曲线确定此时每台水泵的扬程，然后分别换算成每台水泵在铭牌转速下的扬程，将换算后的两台水泵扬程相加作为串联机组的总扬程，具体可查水泵的相关书籍。

④ 根据计算结果，绘制水泵串联工作时的实测流量扬程 Q-H 的特性曲线，又根据两台水泵单独运行下的特性曲线（由教师供给），绘制串联工作的合成流量扬程 Q-H 特性曲线，并与实测流量扬程 Q-H 特性曲线绘于同一坐标纸上，用不同的线条或不同的颜色分别表示，分析比较其差异（图 12.3）。

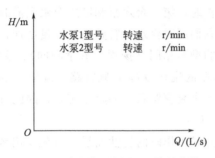

图 12.3　串联水泵的 Q-H 特性曲线

12.4　实验分析与讨论

① 水泵串联工作时，实测流量扬程 Q-H 特性曲线是否与单独运行时的特性曲线相似？若有不同，试分析原因。

② 两台水泵串联，启动时为什么必须先开动前一水泵，再开启后一水泵？

③ 两台不同型号水泵串联工作，流量较大的水泵应安装在前面还是后面？为什么？

第 13 章　离心式水泵的并联实验

13.1　离心式水泵并联的基本理论

离心式水泵并联工作时，第一台水泵和第二台水泵同时从吸水井中取水，并同时输入同一管段。由于它们同时供水，管路系统流量增加，总流量为两台水泵流量的代数和。若两台水泵的型号相同（扬程、流量相同）、水位相同，设第一台水泵的流量为 Q_1，第二台水泵的流量为 Q_2，则管路总流量为 $Q_1 + Q_2$。

水泵并联工作时，各水泵管路系统的阻力相等，因此总阻力等于每台水泵管路系统阻力，即 $h_w = h_{w1} = h_{w2}$。

若绘制离心式水泵并联工作时的特性曲线，可先绘出各水泵的性能曲线 $H\text{-}Q_1$ 和 $H\text{-}Q_2$，然后将同一扬程下的流量叠加，即 $Q = Q_1 + Q_2$，再绘出水泵并联工作时的特性曲线 $H\text{-}Q_{1+2}$。水泵并联工作时的特性曲线 $H\text{-}Q_{1+2}$ 与水泵管道系统装置的特性曲线 $h_w\text{-}Q$ 的交点 M 即为并联水泵的工况点。过 M 点作水平线，与单台水泵单独运行时的特性曲线分别交于 A 点，则 A 点即为两台水泵并联工作时一台水泵的工况点。过工况点 A 作铅垂线，与效率曲线 $\eta \neq Q$、功率曲线 $N\text{-}Q$ 交于 B、C 点，则 B、C 点即为水泵并联运行下的效率、功率的工况点，见图 13.1。

并联水泵系统装置特性曲线 $h_w\text{-}Q$ 与单台水泵运行时的特性曲线 $H\text{-}Q_1$ 有一交点 S，则 S 点为单台水泵运行时的工况点，S 点对应的扬程 H'、流量 Q' 分别为一台水泵运行时的扬程、流量。图 13.1 中可见，水泵单台运行时的扬程流量比并联运行时的扬程流量大。当多台水泵并联工作时，工况点类似确定。

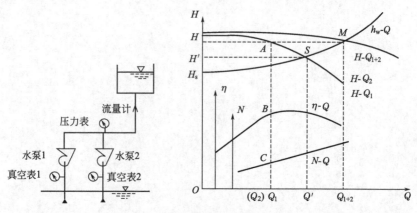

图 13.1　并联水泵的特性曲线

13.2 实验目的、要求与测试内容

13.2.1 实验目的与要求

① 掌握水泵并联工作的连接形式、并联工作达到的目的、基本要求。

② 通过实验增加感性认识，从而掌握离心式水泵并联工作的特点。

③ 理解两台相同型号水泵并联与两台不同型号水泵并联的区别，掌握什么情况下两台水泵不能并联工作及其原因。

④ 学会水泵并联工作的基本操作，掌握测定并联水泵工作特性曲线的方法。

13.2.2 实验测试内容

① 正确操作并联水泵，使其正常工作。

② 测定离心泵电机的功率和转数，并通过转子流量计测量并联水泵的流量。

③ 采用真空表和压力表分别测定吸水管和压力管上的压力，计算并联水泵的总扬程。

④ 绘制并联水泵的特性曲线 $Q\text{-}H$。

13.3 实验操作步骤

13.3.1 实验装置与仪器

离心泵并联工作特性曲线实验装置见图 13.2。两台相同型号的水泵并联，其型号为 Is50-32-125B，流量 $11m^3/h$，转速 2900r/min，扬程 15.5m。

水泵 1、2 的吸水管上分别各接一真空表 1、2 和控制阀门 1、2，压水管路上接控制阀门 3、4 和压力表，后接一流量调节阀门 5 和转子流量计。

实验测试仪器包括转子流量计、压力表、真空表、功率表、转速表。

13.3.2 实验步骤

（1）启动　水泵的启动方法同第 11 章，不同点在于以下几个方面。

① 两台相同型号水泵并联可同时启动，即两台电动机运转后，同时开启两台水泵的出水管阀门 3、4。

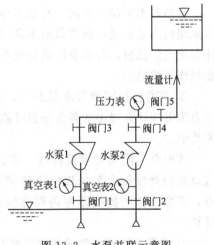

图 13.2　水泵并联示意图

② 若为两台不同型号水泵，并联时必须先启动扬程高的水泵，打开其压力管上的阀门，使扬程降低，然后开启扬程低的水泵，打开低扬程水泵的压力管上的阀门。启动时并联总压力管（即总出水管）阀门 5 全开。

③ 启动后各水泵吸水管和压水管上的阀门 1、2、3、4、5 全开，调节并联总压力管阀门 5 的开启度，可测得几组不同的流量和相对于各流量下的扬程。方法同第 11 章。

同样由转子流量计读取流量，同时读取压力表上的压力和真空表上的压力。

④ 采用功率表测定电动机功率，采用转速表测定电机转速。

⑤ 改变流量，总压力管阀门 5 由全开逐渐减小，即流量由大到小进行测试。重复第③、④步，测试 5～7 组流量。

（2）停机　方法同第 11 章。

13.3.3　实验数据与分析

（1）记录计算有关参数

仪器编号：　　　　；水泵型号　　　　；铭牌转速　　　　　　　　r/min。

（2）实验记录与计算　实验记录与计算见表 13.1。水泵并联特性曲线测试结果的数据整理与计算基本上同第 11 章，但需注意下列几点。

① 根据两台水泵单独工作时的流量扬程 Q-H 特性曲线（由教师供给），绘制在水泵并联工作时合成的总流量扬程 Q-H 特性曲线。对于不同型号的两水泵并联，确定其并联协同工作的起始点（此必须在实验前预习时间内完成）。

② 计算 $\dfrac{v_2^2 - v_1^2}{2g}$ 时，分别按各台水泵的流量计算。

若两台水泵型号相同，水泵并联工作，每台水泵的流量可近似按总流量的二分之一计算。

若两台水泵型号不同，并联工作时，其在并联协同工作起始点以前，扬程高的水泵流量为总流量，扬程低的水泵的流量为零，不需计算当总流量大于并联协同工作起始点的流量，各水泵流量分配根据单独工作的特性曲线和并联工作的合成特性曲线作图法确定。

③ 若两台相同型号水泵并联，由于管路不完全相同等原因，使得由真空表、压力表等项计算得出的各泵扬程可能不一致，并联工作的扬程可近似地按两台泵的平均值计。

若两台不同型号水泵并联，在并联协同工作起始点之后各点，并联工作的扬程也近似地按每台泵扬程的平均值计算。对于并联协同工作起始点之前各工作点，并联工作的扬程即为扬程高的水泵的扬程，另一台水泵的扬程可不记录和计算。

④ 实测总流量换算成铭牌转速总流量时，实测转速按两台泵的平均值计算。

表 13.1 离心式水泵并联实验记录与计算表

测点编号	阀门开启度	实测转速/(r/min) 泵1	泵2	实测流量 总流量Q/(m³/h)	实测扬程 压力表读数H压/m 泵1	泵2	真空表读数H真/m 泵1	泵2	$\frac{v_2^2-v_1^2}{2g}=kQ^2$/m 泵1	泵2	ΔZ 泵1	泵2	各泵扬程/m 泵1	泵2	换算成铭牌转速的计算结果 并联工作流量Q/(m³/h)	各泵扬程/m 泵1	泵2	并联工作扬程/m
		3	4	5	6	7	8	9	10	11	12	13	6+8+10+12	7+9+11+13	14	15	16	(15+16)/2
1	全开																	
2	关转																	
3	关转																	
4	关转																	
5	关转																	
6	关转																	
7	全关																	

⑤ 根据计算结果，绘制水泵并联工作的实测流量扬程 Q-H 特性曲线，与上述用作图法绘制的并联工作合成 Q-H 特性曲线绘在同一坐标纸上，用不同的线条或不同的颜色分别表示，分析比较其差异（图 13.3）。

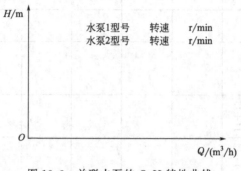

图 13.3　并联水泵的 Q-H 特性曲线

13.4　实验分析与讨论

① 水泵并联工作实测的 Q-H 特性曲线与各自独立工作时的 Q-H 特性曲线是否相似？若有不同试分析原因。

② 什么情况下采用水泵的并联工作形式？

③ 在什么情况下两台泵不能并联工作？为什么？

④ 两台扬程不同的水泵并联工作时，为什么不能同时启动？

⑤ 两台相同型号水泵并联与两台不同型号水泵并联区别在哪里？

参 考 文 献

［1］ 李玉柱，等．工程流体力学．北京：清华大学出版社，2007.

［2］ 吴持恭．水力学（上、下册).3 版．北京：高等教育出版社，2003.

［3］ 毛根海．应用流体力学．北京：高等教育出版社，2006.

［4］ 闻德苏，魏亚东，李兆年，等．工程流体力学（水力学).北京：高等教育出版社，1991.

［5］ 禹华谦．工程流体力学（水力学).成都：西南交通大学出版社，1999.

［6］ 姜乃昌．水泵与水泵站.4 版．北京：中国建筑工业出版社，2001.

［7］ 周谟仁．流体力学泵与风机.2 版．北京：中国建筑工业出版社，1985.

［8］ 毛根海．应用流体力学实验．北京：高等教育出版社，2008.